豆类蔬菜
绿色生产技术指南

烟台市农业技术推广中心　组织编写

化学工业出版社
·北京·

图书在版编目（CIP）数据

豆类蔬菜绿色生产技术指南/烟台市农业技术推广中心组织编写. —北京：化学工业出版社，2022.1
ISBN 978-7-122-40266-0

Ⅰ.①豆… Ⅱ.①烟… Ⅲ.①豆类蔬菜-蔬菜园艺-无污染技术-指南 Ⅳ.①S643-62

中国版本图书馆 CIP 数据核字（2021）第 228857 号

责任编辑：邵桂林
责任校对：李雨晴
装帧设计：关　飞

出版发行：化学工业出版社
（北京市东城区青年湖南街 13 号　邮政编码 100011）
印　　装：大厂聚鑫印刷有限责任公司
850mm×1168mm　1/32　印张 7　字数 134 千字
2022 年 2 月北京第 1 版第 1 次印刷

购书咨询：010-64518888　　售后服务：010-64518899
网　　址：http://www.cip.com.cn
凡购买本书，如有缺损质量问题，本社销售中心负责调换。

定　　价：39.00 元　

编写人员名单

主编

郭晓青　刘　伟　乔淑芹

副主编

孙振军　孙丰宝　王恒义　郝善承

毕焕改　陈永玲

其他参编

王英磊　丛　山　于旭红　王双磊

刘海荣　尹同萍　郑秋玲　徐盛生

张国锋　初长江　黄治军

前言

豆类蔬菜在整个蔬菜生产中占有重要地位，其栽培历史悠久。豆类蔬菜种类繁多，营养丰富，日益受到人们的青睐。随着人们生活水平的日益提高，对豆类蔬菜的消费数量，特别是营养、保健、卫生、安全等方面提出了更高的要求。因此，豆类蔬菜的绿色生产技术已成生产必需。在此背景下，为了把具有相当优势、前景看好的豆类蔬菜绿色生产技术介绍给广大读者，我们组织有关科技人员，编写了《豆类蔬菜绿色生产技术指南》一书。

本书详细介绍了菜豆、豇豆、毛豆、荷兰豆、扁豆、刀豆、四棱豆、豆类芽苗菜的绿色生产技术，期望能为广大生产者提供一定的实际指导作用。

限于编写人员水平，加之时间仓促，书中疏漏之处在所难免，敬请读者批评指正。

编者

2022 年 1 月

目 录

第五章 荷兰豆绿色生产技术 / 126

第一章

概 述

一、豆类蔬菜简介

豆类蔬菜为豆科一年生或二年生草本植物，是蔬菜中以嫩豆荚或嫩豆粒作蔬菜食用的栽培种群。豆类蔬菜主要包括：菜豆属的菜豆、红花菜豆，豇豆属的豇豆，大豆属的菜用大豆，豌豆属的豌豆，野豌豆属的蚕豆，刀豆属的蔓生刀豆，扁豆属的扁豆，四棱豆属的四棱豆及黎豆属的黎豆，共 9 个属 11 个种。

豆类蔬菜主要食用部分是嫩豆荚、嫩豆粒，不同的品种风味各异，具有丰富的营养和显著的保健作用。但有些种类含有的成分或因食用不当，可对人体造成一定毒害，要注意食用方法，确保食用安全。

豆类蔬菜在整个蔬菜生产中占有重要地位，有着其他蔬菜品种不可替代的作用。特别是随着园艺设施技术的革新和发展，豆类蔬菜也和其他蔬菜品种一样，打破了传统的栽培规律和栽培方法，实现了周年栽培，均衡供应。不仅丰富了菜篮子，满足了城乡消费者的需求，也给生产者带来了显著的经济效益。

二、绿色食品定义及要求

（一）绿色食品

指遵守可持续发展原则、按照特定生产方式生产、经专门机构认定、许可使用绿色食品标志的、无污染的安全、优质、营养类食品。

（二）绿色食品产地环境质量

包括绿色食品植物生长地和动物养殖地的空气环境、水环境和土壤环境质量。

（三）环境质量要求

绿色食品生产基地应选择在无污染和生态条件良好的地区。基地选点应远离工矿区和公路铁路干线，避开工业和城市污染源的影响，同时绿色食品生产基地应具有可持续的生产能力。

1. 空气环境质量要求

绿色食品产地空气中各项污染物含量不应超过表 1-1 所列的浓度值。

表 1-1　空气中各项污染物的指标要求

项　目	指标要求	
	日平均	1 小时平均
总悬浮颗粒物（TSP）/（毫克/立方米）	≤0.30	—
二氧化硫（SO_2）/（毫克/立方米）	≤0.15	0.50
氮氧化物（NO_x）/（毫克/立方米）	≤0.10	0.15
氟化物（F）	≤7（微克/立方米）或≤1.8[微克/（立方米·天）]（挂片法）	20（微克/立方米）

注：1. 日平均指任何一日的平均浓度。

2. 1 小时平均指任何 1 小时的平均浓度。

3. 连续采样 3 天，1 日 3 次，早中晚各 1 次。

4. 氟化物采样可用动力采样滤膜法或用石灰滤纸挂片法，分别按各自规定的浓度限值执行，石灰滤纸挂片法挂置 7 天。

2. 农田灌溉水质要求

绿色食品产地农田灌溉水中各项污染物含量不应超过表1-2所列的浓度值。

表1-2　农田灌溉水中各项污染物的指标要求

项目	指标要求
pH	5.5～8.5
总汞/(毫克/升)	≤0.001
总镉/(毫克/升)	≤0.005
总砷/(毫克/升)	≤0.05
总铅/(毫克/升)	≤0.1
六价铬/(毫克/升)	≤0.1
氟化物/(毫克/升)	≤2.0
粪大肠菌群/(个/升)	≤10000

注：灌溉菜园用的地表水需测粪大肠菌群，其他情况不测粪大肠菌群。

3. 土壤环境质量要求

本标准将土壤按耕作方式的不同分为旱田和水田两大类，每类又根据土壤pH值的高低分为三种情况，即pH＜6.5，pH＝6.5～7.5，pH＞7.5。绿色食品产地各种不同土壤中的各项污染物含量不应超过表1-3所列的限值。

表 1-3 土壤中各项污染物的指标要求

单位：毫克每千克

耕作条件	旱田			水田		
pH	＜6.5	6.5～7.5	＞7.5	＜6.5	6.5～7.5	＞7.5
镉	⩽0.30	⩽0.30	⩽0.40	⩽0.30	⩽0.30	⩽0.40
汞	⩽0.25	⩽0.30	⩽0.35	⩽0.30	⩽0.40	⩽0.40
砷	⩽25	⩽20	⩽20	⩽20	⩽20	⩽15
铅	⩽50	⩽50	⩽50	⩽50	⩽50	⩽50
铬	⩽120	⩽120	⩽120	⩽120	⩽120	⩽120
铜	⩽50	⩽60	⩽60	⩽50	⩽60	⩽60

注：1. 果园土壤中的铜限量为旱田中的铜限量的 1 倍。

2. 水旱轮作用的标准值取严不取宽。

4. 土壤肥力要求

为了促进生产者增施有机肥，提高土壤肥力，生产绿色食品时，土壤肥力作为参考指标见表 1-4。

表 1-4 绿色食品产地土壤肥力分级

项目	级别	旱地	水田	菜地	园地	牧地
有机质/（克/千克）	Ⅰ	＞15	＞25	＞30	＞20	＞20
	Ⅱ	10～15	20～25	20～30	15～20	15～20
	Ⅲ	＜10	＜20	＜20	＜15	＜15
全氮/（克/千克）	Ⅰ	＞1.0	＞1.2	＞1.2	＞1.0	—
	Ⅱ	0.8～1.0	1.0～1.2	1.0～1.2	0.8～1.0	—
	Ⅲ	＜0.8	＜1.0	＜1.0	＜0.8	—
有效磷/（毫克/千克）	Ⅰ	＞10	＞15	＞40	＞10	＞10
	Ⅱ	5～10	10～15	20～40	5～10	5～10
	Ⅲ	＜5	＜10	＜20	＜5	＜5

续表

项目	级别	旱地	水田	菜地	园地	牧地
有效钾/（毫克/千克）	Ⅰ	＞120	＞100	＞150	＞100	—
	Ⅱ	80～120	50～100	100～150	50～100	—
	Ⅲ	＜80	＜50	＜100	＜50	—
阳离子交换量/（厘摩尔/千克）	Ⅰ	＞20	＞20	＞20	＞15	—
	Ⅱ	15～20	15～20	15～20	15～20	—
	Ⅲ	＜15	＜15	＜15	＜15	—
土壤质地	Ⅰ	轻壤、中壤	中壤、重壤	轻壤	轻壤	砂壤、中壤
	Ⅱ	砂壤、重壤	砂壤、轻黏土	砂壤、中壤	砂壤、中壤	重壤
	Ⅲ	砂土、黏土	砂土、黏土	砂土、黏土	砂土、黏土	砂土、黏土

5. 监测方法

采样方法除本标准有特殊规定外，其他的采样方法和所有分析方法按本标准引用的相关国家标准执行。

三、绿色食品农药使用准则

（一）允许使用的农药种类

1. 生物源农药

指直接利用生物活体或生物代谢过程中产生的具有生物活性的物质或从生物体提取的物质作为防治病虫草害的农药。

（1）微生物源农药

a.农用抗生素　防治真菌病害：灭瘟素、春雷霉素、多抗霉素（多氧霉素）、井冈霉素、农抗120、中生菌素等。防治螨类：浏阳霉素、华光霉素。

b.活体微生物农药　真菌剂：蜡蚧轮枝菌等。细菌剂：苏云金杆菌、蜡质芽孢杆菌等。拮抗菌剂。昆虫病原线虫。微孢子。病毒：核多角体病毒。

（2）动物源农药　昆虫信息素（或昆虫外激素）：如性信息素。活体制剂：寄生性、捕食性的天敌动物。

（3）植物源农药　杀虫剂：除虫菊素、鱼藤酮、烟碱、植物油乳剂等。杀菌剂：大蒜素。拒避剂：印楝素、苦楝、川楝素。增效剂：芝麻素。

2.矿物源农药

有效成分起源于矿物的无机化合物和石油类农药。

（1）无机杀螨杀菌剂　硫制剂：硫悬浮剂、可湿性硫、石硫合剂等。铜制剂：硫酸铜、王铜、氢氧化铜、波尔多液等。

（2）矿物油乳剂　柴油乳剂等。

3.有机合成农药

由人工研制合成，并由有机化学工业生产的商品化的一类农药，包括中等毒和低毒类杀虫杀螨剂、杀菌剂、除草剂，可在绿色食品生产上限量使用。

杀虫杀螨剂：氯氰菊酯、吡虫啉、辛硫磷、噻嗪酮等。杀菌剂：百菌清、代森锰锌、甲基硫菌灵等。

（二）使用准则

绿色食品生产应从作物-病虫草等整个生态系统出发，综合运用各种防治措施，创造不利于病虫草害滋生和有利于各类天敌繁衍的环境条件，保持农业生态系统的平衡和生物多样化，减少各类病虫草害所造成的损失。

优先采用农业措施，通过选用抗病抗虫品种，非化学药剂处理种子，培育壮苗，加强栽培管理，中耕除草，秋季深翻晒土，清洁田园，轮作倒茬、间作套种等一系列措施起到防治病虫草害的作用。

还应尽量利用灯光、色彩诱杀害虫，机械和人工除草等措施，防治病虫草害。特殊情况下，必须使用农药时，应遵守以下准则。

（1）首选使用绿色食品生产资料农药类产品。

（2）在绿色食品生产资料农药类产品不能满足植保工作需要的情况下，允许使用以下农药及方法。

① 中等毒性以下植物源农药、动物源农药和微生物源农药。

② 在矿物源农药中允许使用硫制剂、铜制剂。

③ 有限度地使用部分有机合成农药，应按《农药安全使用标准》和《农药合理使用准则》中的要求执行。

此外，还需严格执行以下规定：

① 应选用上述标准中列出的低毒农药和中等毒性农药。

② 严禁使用剧毒、高毒、高残留或具有三致毒性

（致癌、致畸、致突变）的农药（表1-5）。

表1-5 生产绿色食品禁止使用的农药

种类	农药名称	禁用作物	禁用原因
有机氯杀虫剂	滴滴涕、六六六、林丹、甲氧高残毒DDT、硫丹	所有作物	高残毒
有机氯杀螨剂	三氯杀螨醇	蔬菜、果树、茶叶	工业品中含有一定数量的滴滴涕
有机磷杀虫剂	甲拌磷、乙拌磷、久效磷、对硫磷、甲基对硫磷、甲胺磷、甲基异柳磷、治螟磷、氧化乐果、磷胺、地虫硫磷、灭克磷（益收宝）、水胺硫磷、氯唑磷、硫线磷、杀扑磷、特丁硫磷、克线丹、苯线磷、甲基硫环磷	所有作物	剧毒高毒
氨基甲酸酯杀虫剂	涕灭威、克百威、灭多威、丁硫克百威、丙硫克百威	所有作物	高毒、剧毒或代谢物高毒
二甲基甲脒类杀虫螨剂	杀虫脒	所有作物	慢性毒性致癌
拟除虫菊酯类杀虫剂	所有拟除虫菊酯类杀虫剂	水稻及其他水生作物	对水生生物毒性大

续表

种类	农药名称	禁用作物	禁用原因
卤代烷类熏蒸杀虫剂	二溴乙烷、环氧乙烷、二溴氯丙烷、溴甲烷	所有作物	致癌、致畸、高毒
阿维菌素		蔬菜、果树	高毒
克螨特		蔬菜、果树	慢性毒性
有机砷杀菌剂	甲基胂酸锌（稻脚青）、甲基胂酸钙胂（稻宁）、甲基胂酸铁铵（田安）、福美甲胂、福美胂	所有作物	高残毒
有机锡杀菌剂	三苯基醋酸锡（薯瘟锡）、三苯基氯化锡、三苯基羟基锡（毒菌锡）	所有作物	高残留、慢性毒性
有机汞杀菌剂	氯化乙基汞（西力生）、醋酸苯汞（赛力散）	所有作物	剧毒、高残毒
有机磷杀菌剂	稻瘟净、异稻瘟净	水稻	异臭
取代苯类杀菌剂	五氯硝基苯、稻瘟醇（五氯苯甲醇）	所有作物	致癌、高残留
2,4-D类化合物	除草剂或植物生长调节剂	所有作物	杂质致癌
二苯醚类除草剂	除草醚、草枯醚	所有作物	慢性毒性

续表

种类	农药名称	禁用作物	禁用原因
植物生长调节剂	有机合成的植物生长调节剂	所有作物	
除草剂	各类除草剂	蔬菜生长期（可用土壤处理与芽前处理）	

③ 每种有机合成农药（含绿色食品生产资料农药类的有机合成产品）在一种作物的生长期内只允许使用一次。

④ 严格按照《农药安全使用标准》和《农药合理使用准则》的要求控制施药量与安全间隔期。

⑤ 有机合成农药在农产品中的最终残留应符合《农药安全使用标准》和《农药合理使用准则》的最高残留限量（MRL）要求。

（3）严禁使用高毒高残留农药防治贮藏期病虫害。

（4）严禁使用基因工程品种（产品）及制剂。

四、绿色食品肥料使用准则

（一）农家肥料

就地取材、就地使用的各种有机肥料。它由含有大量生物物质的动植物残体、排泄物、生物废物等积制而成，包括堆肥、沤肥、厩肥、沼气肥、绿肥、作物秸秆肥、泥肥、饼肥等。

1. 堆肥

以各类秸秆、落叶、山青、湖草为主要原料，并与人畜粪便和少量泥土混合堆制，经好气微生物分解而成的一类有机肥料。

2. 沤肥

所用物料与堆肥基本相同，只是在淹水条件下，经微生物嫌气发酵而成的一类有机肥料。

3. 厩肥

以猪、牛、马、羊、鸡、鸭等畜禽的粪尿为主与秸秆等垫料堆积，并经微生物作用而成的一类有机肥料。

4. 沼气肥

在密封的沼气池中，有机物在嫌气条件下经微生物发酵制取沼气后的副产物。主要由沼气水肥和沼气渣肥两部分组成。

5. 绿肥

以新鲜植物体就地翻压、异地施用或经沤、堆后而成的肥料。主要分为豆科绿肥和非豆科绿肥两大类。

6. 作物秸秆肥

以麦秸、稻草、玉米秸、豆秸、油菜秸等直接还田的肥料。

7. 泥肥

以未经污染的河泥、塘泥、沟泥、港泥、湖泥等经嫌气微生物分解而成的肥料。

8. 饼肥

以各种含油分较多的种子经压榨去油后的残渣制成的肥料，如菜籽饼、棉籽饼、豆饼、芝麻饼、花生饼、蓖麻饼等。

（二）商品肥料

按国家法规规定，受国家肥料部门管理，以商品形式出售的肥料，包括商品有机肥、腐殖酸类肥、微生物肥、有机复合肥、无机（矿质）肥、叶面肥等。

1. 商品有机肥

以大量动植物残体、排泄物及其他生物废物为原料，加工制成的商品肥料。

2. 腐殖酸类肥料

以含有腐殖酸类物质的泥炭（草炭）、褐煤、风化煤等经过加工制成含有植物营养成分的肥料。

3. 微生物肥料

以特定微生物菌种培养生产的含活的微生物制剂。根据微生物肥料对改善植物营养元素的不同，可分成五类：根瘤菌肥料、固氮菌肥料、磷细菌肥料、硅酸盐细菌肥料和复合微生物肥料。

4. 有机复合肥

经无害化处理后的畜禽粪便及其他生物废物加入适量的微量营养元素制成的肥料。

5. 无机（矿质）肥料

矿物经物理或化学工业方式制成，养分呈无机盐形式的肥料。包括矿物钾肥和硫酸钾、矿物磷肥（磷矿粉）、煅烧磷酸盐（钙镁磷肥、脱氟磷肥）、石灰、石膏、硫黄等。

6. 叶面肥料

喷施于植物叶片并能被其吸收利用的肥料，叶面肥料中不得含有化学合成的生长调节剂。包括含微量元素的叶面肥和含植物生长辅助物质的叶面肥料等。

7. 有机无机肥（半有机肥）

有机肥料与无机肥料通过机械混合或化学反应而成的肥料。

8. 掺合肥

在有机肥、微生物肥、无机（矿质）肥、腐殖酸肥中按一定比例掺入化肥（硝态氮肥除外），并通过机械混合而成的肥料。

（三）其他肥料

不含有毒物质的食品、纺织工业的有机副产品，以及骨粉、骨胶废渣、氨基酸残渣、家禽家畜加工废料、糖厂废料等有机物料制成的肥料。

（四）绿色食品生产资料

经专门机构认定，符合绿色食品生产要求，并正式推荐用于绿色食品生产的生产资料。

（五）使用规则

肥料使用必须满足作物对营养元素的需要，使足够数量的有机物质返回土壤，以保持或增加土壤肥力及土壤生物活性。所有有机或无机（矿质）肥料，尤其是富含氮的肥料应对环境和作物（营养、味道、品质和植物抗性）不产生不良后果方可使用。

（1）必须选用绿色食品生产允许使用的肥料种类。允许按规定的要求使用化学肥料（氮、磷、钾），但禁止使用硝态氮肥。

（2）化肥必须与有机肥配合施用，有机氮与无机氮之比不超过1∶1。例如，施优质厩肥1000千克及尿素10千克（厩肥作基肥、尿素可作基肥和追肥用）。对叶菜类最后一次追肥必须在收获前30天进行。

（3）化肥也可与有机肥、复合微生物肥配合施用。厩肥1000千克，加尿素5～10千克或磷酸二铵20千克，复合微生物肥料60千克（厩肥作基肥，尿素、磷酸二铵和微生物肥料作基肥和追肥用）。最后一次追肥必须在收获前30天进行。

（4）城市生活垃圾一定要经过无害化处理，质量达到《城镇垃圾农用控制标准》中的技术要求才能使用。每年每667平方米农田限制用量，黏性土壤不超过3000千克，砂性土壤不超过2000千克。

（5）秸秆还田。采用秸秆还田、过腹还田、直接翻压还田、覆盖还田等形式，还允许用少量氮素化肥调节碳氮比。

（六）其他规定

（1）生产绿色食品的农家肥料无论采用何种原料（包

括人畜禽粪尿、秸秆、杂草、泥炭等）制作堆肥，必须高温或沼气发酵，以杀灭各种寄生虫卵和病原菌、杂草种子，使之达到无害化卫生标准（见表 1-6 和表 1-7）。农家肥料原则上就地生产、就地使用。外来农家肥料应确认符合要求后才能使用。商品肥料及新型肥料必须通过国家有关部门的登记认证及生产许可，质量指标应达到国家有关标准的要求，见表 1-8～表 1-10。

表 1-6　高温堆肥卫生标准

序号	项目	卫生标准及要求
1	堆肥温度	最高堆温达 50～55℃，持续 5～7 天
2	蛔虫卵死亡率	95%～100%
3	粪大肠菌值	10^{-1}～10^{-2}
4	苍蝇	有效地控制苍蝇滋生，肥堆周围没有活的蛆、蛹或新羽化的成蝇

表 1-7　沼气发酵肥卫生标准

序号	项目	卫生标准及要求
1	密封贮存期	30 天以上
2	高温沼气发酵温度	(53±2)℃，持续 2 天
3	寄生虫卵沉降率	95%以上

续表

序号	项目	卫生标准及要求
4	血吸虫卵和钩虫卵	在使用粪液中不得检出活的血吸虫卵和钩虫卵
5	粪大肠菌值	普通沼气发酵 10^{-4}，高温沼气发酵 10^{-1}～10^{-2}
6	蚊子、苍蝇	有效地控制蚊蝇滋生，粪液中无孑孓，池的周围无活的蛆、蛹或新羽化的成蝇
7	沼气池残渣	经无害化处理后方可用作农肥

表 1-8　煅烧磷酸盐质量指标

营养成分	杂质控制指标每含 1%五氧化二磷（P_2O_5）
有效五氧化二磷（P_2O_5）≥12%（碱性柠檬酸铵提取）	砷（As）≤0.004%
	镉（Cd）≤0.01%
	铅（Pb）≤0.002%

表 1-9　硫酸钾质量指标

营养成分	杂质控制指标每含 1%氧化钾（K_2O）
氧化钾（K_2O）50%	砷（As）≤0.004%
	氯（Cl）≤3%
	硫酸（H_2SO_4）≤0.5%

表 1-10　腐殖酸叶面肥料质量指标

营养成分	杂质控制指标
腐殖酸≥8.0%，微量元素≥6.0%，铁、锰、铜、锌、钼、硼（Fe、Mn、Cu、Zn、Mo、B）	镉（Cd）≤0.01%
	砷（As）≤0.002%
	铅（Pb）≤0.002%

（2）因施肥造成土壤污染、水源污染，或影响农作物生长、农产品达不到卫生标准时，要停止施用该肥料，并向专门的管理机构报告。用其生产的食品也不能继续使用绿色食品标志。

五、蔬菜病虫害绿色防控

绿色防控就是以农田生态整体为基础，通过农业防治，加大生态保护，有效保护并利用病虫害的天敌，破坏病虫害的生存环境，从而将农作物整体的抗虫能力提升上去。同时它也会在必要的时候使用化学农药，以确保虫害所带来的损失降到最低。在具体应用时主要是通过推广抗病虫的品种、进一步优化农作物的布局、培育健康苗种、强化肥水管理等措施，同时根据农田自身的生态工程、生草覆盖情况运用作物套种等措施有效提升防控水平。目前，我国在绿色防控方面取得了阶段性成果，整体防控面积超过了 3000×10^4 公顷，覆盖率超过了 20％。据调查研究，这类示范区要比农户自己的防控区农药使用量降低 30％～50％，实现了降低防治成本的基本目标。但还是存在一些比较突出的问题，如整体防控工作无法达到平衡，有些地方的覆盖率几乎达到了 50％，而有些地区则不超过 10％。针对这种情况就必须要扶持一些规模大、服务好且装备优良的防治队伍，以此提升整体防治水平。

近年来，烟台市大力发展高效设施农业，设施蔬菜规模化、标准化、产业化水平不断提升，已成为农民增收的重要产业。2019年烟台市蔬菜播种面积103.1万亩，总产量358.8万吨，以设施蔬菜为主的高效设施农业面积占比达37.9%。设施蔬菜栽培具有单位面积产量高、上市早等优点，但设施栽培高温、高湿、封闭、连茬种植的特点给各种病虫害的发生创造了有利的条件，病虫害发生逐年加重，常因防治不及时导致毁灭性灾害。病虫危害已成为设施蔬菜可持续发展的重要制约因素。以前，生产上主要依赖化学防治措施防治蔬菜病虫害，在控制病虫害损失的同时，也造成了病虫害抗药性上升，病虫害暴发率升高，农田生态环境恶化，产出的农产品有些农药残留高、不符合农产品质量安全要求等问题。然而，随着社会的进步和人们生活水平的不断提高，居民的消费结构不断升级，人们对绿色优质农产品的需求日益增长。设施蔬菜病虫害绿色防控技术是通过将农业防治、物理防治、生物防治以及化学防治等单项防治技术进行优化集成，根据作物种类、生产方式、病虫害种类、防治基础和技术目标制定因地制宜、简便易行的绿色防控组装与集成的配套技术。该技术的产业化推广应用可有效保障蔬菜产品安全、提高蔬菜产品质量、增强产品市场竞争力。本书针对烟台市蔬菜病虫害绿色生产技术应用现状，总结了绿色生产技术示范应用中存在的问题，提出了相应的对策建议，为推动烟台市蔬菜绿色发展、科学地制定蔬菜病虫害绿色防控方案以及进一步示范推广蔬菜病虫害绿色防控技术提供科学依据。

成熟且适用的绿色防控技术是开展病虫害绿色防控的

基本前提。开展病虫害绿色防控技术的集成创新，优化配套绿色防控关键技术，为绿色防控产业化推广应用提供技术支撑。强化绿色防控技术和产品大面积应用的适用性、高效性和系统性，注重灾变规律和监测预警技术、病虫害绿色防控机制与关键技术研究，构建环保、安全和高效的病虫害绿色防控技术体系。根据山东省各地生产实际，因地制宜，集成相应技术模式，使技术体系模式化、区域化、轻简化和标准化，以供生产上大面积推广应用。以蔬菜作物为主线，以生态区域为单元，集成配套技术，组装一批防治效果好、操作简便、成本适中的实用性技术模式，不断提高绿色防控的科技含量。

加大蔬菜绿色防控工作的宣传力度，通过设立技术展示牌、现场观摩会和新闻媒介宣传等多种形式，大力宣传绿色防控典型经验，让全社会了解绿色防控知识，知道绿色防控的效果，增强农民绿色防控意识。在绿色防控示范区内因地制宜地推广以选用优良品种、合理轮作倒茬、高垄栽培等为主的农业防控措施；以防虫网阻虫、黄板诱虫、高温闷棚等为主的物理防控措施；以推广应用印楝素、苦参碱、鱼藤酮等生物农药为主的生物防控措施；以推广噻嗪酮、啶虫脒等高效、低毒、低残留化学农药为主的化学防控措施，实现蔬菜绿色生产。充分发挥省（区、市）、地市、县（市、区）等各级示范区的示范引领作用，把绿色防控技术示范区打造成技术集成、创新和培训基地，通过在病虫害发生主要时期举行现场观摩会并进行集中培训，普及绿色防控技术，提高防治技术到位率，促进蔬菜种植园区蔬菜生产质量安全和农业增效农民增收。

近年来，消费者对蔬菜品质、营养、功能等方面的要求越来越高。2020 年中央“一号文件”，再次聚焦生态农业，提出要大力发展绿色优质农产品生产，推动农业由增产导向转向提质导向。2015 年，农业农村部提出了《到 2020 年农药使用量零增长行动方案》，旨在推进农业发展方式转变，有效控制农药使用量，保障农业生产安全，农产品质量安全和生态环境安全，促进农业可持续发展。烟台市紧紧围绕农业供给侧结构性改革，推进农业高质量发展，满足人们对绿色优质农产品日益增长的需求，依托绿色防控示范区建设，大力推进蔬菜病虫害绿色防控技术集成创新与产业化推广。近年来，消费者对蔬菜品质、营养、功能等方面的要求越来越高。大力发展绿色优质农产品基地和推广绿色食品认证，是实现农业提质增效、助推乡村振兴的“最强动力”。蔬菜病虫害绿色生产，就是以绿色生态为基础，以实现蔬菜的绿色安全生产为目标，改变以往单纯依赖化学防治的观念，大幅度减少化学农药的使用量，从源头上减少污染和农药残留，提高蔬菜质量水平；降低病虫害的抗性，保护和利用病虫害天敌，实现病虫害的可持续治理。总之，无论是从出口、国内消费需求来看，还是从现代农业发展趋势和我国经济与社会发展来看，蔬菜病虫害绿色防控生产技术符合当今时代人们生活的需求，是持续控制蔬菜病虫害、保障蔬菜生产安全的重要手段，是促进蔬菜标准化生产、提升蔬菜质量安全水平的必然要求，是降低农药使用风险、保护生态环境的有效途径。

第二章

菜　豆
绿色生产技术

菜豆为豆科菜豆属中一年生草本植物，又叫芸豆、四季豆、豆角、青刀豆、玉豆等。原产中南美洲热带地区，16 世纪传入我国。现全国广泛栽培软荚菜豆作为蔬菜，以成熟种子供食用的菜豆仅在我国东北、西北及华北部分地区有栽培。

菜豆嫩荚可供煮食、炒食、凉拌，还可烫熟后干制，也是速冻脱水蔬菜的重要品种。其风味独特，鲜美适口，因而很受消费者的欢迎。根据中国医学科学院卫生研究所编著的《食物成分表》显示，菜豆含有多种重要的营养物质，每 100 克嫩荚含胡萝卜素 0.1～0.55 毫克、维生素 B_1 0.06～0.08 毫克、维生素 B_2 0.06～0.12 毫克、尼克酸 0.5～1.3 毫克、抗坏血酸 6～57 毫克、蛋白质 1.1～3.2 克、脂肪 0.2～0.7 克、碳水化合物 2.3～6.6 毫克、粗纤维 0.3～1.6 克、钙 20～60 毫克、磷 38～57 毫克、铁 0.9～3.2 毫克。

未加工的菜豆嫩荚含有一定量的有毒物质（遇热不稳定），如胰蛋白酶抑制素、血细胞凝集素和溶血素等，经过加热后，这些有毒物质很容易被破坏，变为无毒食物。尤其是荚皮含有皂素毒素，含量又多，须经 100℃煮熟才能完全破坏。因此，食用菜豆加热一定要充足。作凉拌菜时，过水时间要够，要煮沸 5～10 分钟，炒食则要加热至熟，否则很容易造成中毒，出现胃痛、恶心、呕吐等症状。

一、菜豆的基础知识

（一）菜豆的形态特征与生长发育

1. 根

菜豆的根系发达，在苗期根的生长速度较地上部快，分布幅度也较地上部广，播种后，子叶刚露出土面时，主根已生出7～8条侧根，株高15～20厘米时，主根已有大量侧根，扩展半径可达80厘米，但多分布在表土，结荚时主根可深达60厘米以上，侧根仍主要分布在表土15～40厘米范围内，吸收能力较强。但菜豆根部容易木栓化，因而再生能力较弱。主根和侧根上都可形成根瘤，开花结荚期是形成根瘤的高峰期，进入收获期，根瘤形成逐渐减少，固氮能力也开始下降。植株生长越旺盛，根瘤菌越多，固氮能力越强。

2. 茎

菜豆的茎按生长习性分为蔓生和矮生两类。蔓生菜豆属无限生长类型，蔓长可达3～5米，呈左悬缠绕，需搭架栽培。蔓生菜豆生长期长，坐荚多，产量高，品质优，是菜豆的主要栽培类型；矮生菜豆为蔓生菜豆的变种，其茎有限生长，一般株高30～50厘米。主茎伸展4～8节后，生长点产生花芽而封顶，不需支架。它成熟早，结荚集中，但产量较低。

3. 开花结荚习性

菜豆的花为蝶形花，总状花序，自花授粉。授粉受精后先是果荚发育，种子不发育，待果荚停止伸长后种子开始发育，因此嫩荚的采收应在种子发育之前。菜豆种子的发芽年限一般为2～3年，但两年以上的种子发芽率下降，故播种时最好用当年新豆种。菜豆生长发育时期分为发芽期、幼苗期、伸蔓（发棵）期和开花结荚期。但开花结荚和茎叶生长同时进行，发生营养竞争，如处理不当，或茎叶生长旺盛而结荚较少，或坐荚较多而茎蔓早衰。

（二）菜豆对环境条件的要求

菜豆喜温暖，不耐霜冻，又畏酷暑。矮生类型耐低温能力比蔓生种要强。菜豆种子发芽的最低温度为15℃，最适温度为20～25℃；营养生长的温度范围是10～25℃。开花结荚期的最适温度为18～25℃，低于15℃或高于30℃时发育不良，落花落荚增多；根系生长的温度范围较广，为8～38℃，但13℃以下几乎不着生根瘤。

菜豆喜强光，光照较弱时常引起徒长或落花结荚。菜豆为短日照植物，不过大多数品种适应性较强，对日照长短要求不严，但缩短日照时数能使开花期明显提前，结荚也多。也有少数品种仍然要求短日照条件，它们只适宜秋播。因此，引种栽培时应注意这个问题。

菜豆的吸收能力较强，能耐一定的干旱。但怕涝，积水则沤根。适宜的土壤湿度为田间最大持水量的60％～70％。菜豆对土壤要求不严，但以土层深厚肥沃、排水良好的轻沙壤土为好。菜豆耐酸性弱，微酸性及中性土壤有利于根系的生长和根瘤菌的发育；pH5.5以下，应施石灰中和。菜豆在生育初期吸收较多的钾和氮，到开花、结荚时氮、钾的吸收量迅速增加，不过，氮肥用量不可过多，以硝态氮为好。磷的吸收量虽较氮、钾少，但磷缺乏影响开花、结荚和种子的发育。菜豆在嫩荚迅速伸长时，还要吸收大量的钙，在施肥上也应注意。另外，施用微量元素硼和钼对增加菜豆产量、改进品质有一定作用。

矮生菜豆生育期短，施肥宜早，促进早发、多发分枝，达到早开花结荚、提高产量的目的。蔓生种前期生育较矮生种迟缓，但开花、结荚期较长，需根据各个生育阶段对营养元素的要求，多次施用氮、磷、钾完全肥料，以提高产量和改善品质。菜豆最适宜的空气湿度是65%～75%，空气湿度过大和土壤水分过多是引起菜豆炭疽病、疫病、灰霉病及根腐病等病害的重要原因。

二、优良品种

菜豆的品种很多，可以分成不同类型。按食用部位可分为软荚种和硬荚种，作为蔬菜的大多都是软荚种；软荚菜豆按茎的生长习性可分为矮生类型和蔓生类型，也有少数是半蔓生类型；按生育期菜豆可分为早熟品种、中熟品种和晚熟品种。

（一）早熟品种

1. 意大利矮生玉豆

内蒙古开鲁县平乡新品种研究所1990年从意大利引

进。植株矮生，株高 60 厘米，分枝能力强，每株可结荚 50 个左右。荚绿色，无筋，长约 13 厘米，单荚重约 22 克。荚肉厚，商品性好。种子肾形，乳白色。抗病性强，耐肥，耐旱涝，适应性广。极早熟，播种后 45 天即可采收嫩荚。行距 40 厘米，株（穴）距 33 厘米，每穴播 2 粒种子。苗期少施氮肥，控制浇水，每亩产嫩荚 4000 千克。

2. 供给者

从美国引进，又叫美国地芸豆。植株矮生，生长势强，株高 40～45 厘米，开展度 65 厘米左右，分枝多。第 1 花序着生在主茎第 5 节，花蓝紫色，每花序结荚 3～5 个，单株结荚 30 个左右。嫩荚绿色，圆棍形，长 13 厘米左右，单荚重 7.6～9 克。肉厚，纤维少，品质好。种子紫红色。适于在晋、冀、津、蒙等地春早熟及保护地栽培。行距 40 厘米，株（穴）距 30 厘米，每穴播 4 粒种子。早熟，抗病，适应性强，丰产性好。播种后 55 天左右收获嫩荚，每亩产嫩荚 1200～1700 千克。

3. 推广者

中国农业科学院蔬菜花卉所由国外引入。植株矮生，生长势较强，株高约 40 厘米。花浅紫色，嫩荚青豆绿色，圆棍形，直而光滑。荚长 14～16 厘米，宽和厚各 1 厘米，肉厚，纤维少，质脆嫩，品质好，耐贮运。北京地带一般 4 月中旬播种，行距 40～50 厘米，株（穴）距 30 厘米，每穴 3～4 粒种子。早熟，从播种到嫩荚收获约 60 天，每亩产嫩荚 1200 千克。

4. 冀芸2号

河北省农业科学院蔬菜研究所选育。植株矮生，生长势中等，株高42～45厘米，5～7个分枝，平均单株结荚17个。花白色，嫩荚扁圆形，荚长14～16厘米，宽1.4厘米，厚0.9厘米，单荚重10～12克。嫩荚纤维极少，不易老，商品性好。种子肾形，茶褐色，百粒重36～40克。抗烟草花叶病毒。适宜河北省及相邻地区种植。早熟，春季从播种到采收嫩荚53天，秋季7月下至8月上旬播种，注意雨后及时排水，防治锈病。一般行距40厘米，株（穴）距30厘米，每穴3～4粒种子。每亩产嫩荚1400～1800千克。

5. 地豆王1号

河北省石家庄市蔬菜研究所育成。植株矮生，株高40厘米左右，每株有分枝6～8个。叶片绿色，花浅紫色，嫩荚浅绿色，老荚有紫晕。荚扁条形，长18厘米，宽2厘米左右，单荚重12克。种子肾形，褐色，上有黑色花纹。纤维少，无革质膜，品质好。早熟，播种后50天始收嫩荚。适宜河北省及相邻地区春秋季种植。春播4月中下旬，秋播7月中下旬，秋季宜采用半高垄栽培。一般行距40厘米，株（穴）距25厘米，每穴3～4粒种子。每亩产嫩荚1580千克。

6. 日本极早生

从日本引进的极早熟品种。植株矮生，生长势强，株高40～50厘米，分枝46个。单株结荚4050个，嫩荚浅绿色，圆棍形，荚长14～16厘米，宽和厚各1厘米左右，单荚重 78 克，嫩荚肉厚，耐贮，纤维少，风味佳，品质好。种子成熟时白色，百粒重 25 克左右。适应性强，抗病耐旱，从播种到收获嫩荚 50 天左右，早熟，丰产，亩产 2500～3500 千克。适宜华北地区春播、春季地膜覆盖栽培，秋播。

7. 丰收一号

从泰国引进，又名泰中豆、丰收白。植株蔓生，长势强，分枝多，叶片大。花白色，每花序结荚 5～6 个。嫩荚浅绿色，稍扁，荚面略带凹凸不平。荚长 21.8 厘米，宽 1.4 厘米，厚 0.8 厘米。种子乳白色，较小，百粒重 36.4 克。嫩荚肉较厚，不易老，品质好。抗病，较耐热。适于北京、山西、内蒙古等地种植。一般行距 50 厘米，株（穴）距 25～30 厘米，每穴 3～4 粒种子。早熟，播后 60 天左右采收，每亩产嫩荚 2500～2700 千克。

8. 老来少

山东省农家品种。植株蔓生，花白色稍带紫色，荚扁条形，中部稍弯，白绿色，荚长约 18 厘米。纤维少，品质好，荚鼓起来变白时炒食风味更佳。种子肾形，棕色。适合春夏季栽培，早熟，播后 60 天可采收。每亩产嫩荚 1500 千克。

（二）中熟品种

1. 新西兰 3 号

北京市种子公司从新西兰引进的优良品种。植株矮生，株高约 50 厘米，有 56 个分枝。茎绿色，叶片深绿色。花浅紫色，第一花序着生在 23 节，每花序结荚 46 个。嫩荚扁圆棍形，尖端略弯，荚长约 15 厘米，横茎 1.2 厘米，单荚重约 10 克。嫩荚青绿色，肉较厚，纤维较少，品质较好。每荚种子 57 粒，种皮浅褐色，有棕色花纹，种子肾形，表面粗糙，百粒重约 33.3 克。从播种到采收嫩荚约 60 天。亩产 1000～1700 千克。适应性广，较抗病。适于北京、天津、河北、陕西、山东、江苏等地春季露地栽培。

2. 江户川矮生菜豆

辽宁省农业科学院园艺研究所于 1982 年从日本引入。植株矮生，生长势较强，株高 40～50 厘米，开展度 44～48 厘米，有侧枝 6 个。花紫红色，嫩荚绿色，圆棍形，直而整齐。种子长筒形，深紫红色。肉厚，质嫩，耐老，品质好，适于速冻和鲜食。对炭疽病、锈病的抗性较强。沈阳地区春季 4 月中下旬播种，中熟，60 天左右收获嫩荚，每亩产嫩荚 1400 千克左右，秋季 7 月 20 日左右播种，50 天左右收获，每亩产嫩荚 1000 千克。一般行距 55 厘米，株距 25 厘米，每穴留 3 株苗。苗期中耕，控制肥、水。

3. 优胜者

中国农业科学院蔬菜花卉研究所 1977 年自美国引入。植株矮生，株高 40 厘米左右，开展度 45 厘米左右。长势中等，有 5～6 个分枝。叶色绿，花紫色，每花序结荚 4～6 个。嫩荚浅绿色，近圆棍形，荚长 14 厘米左右。肉厚，品质较好。种子浅肉色，肾形。较耐热，抗菜豆普通烟草花叶病毒病和白粉病。适于北方春早熟栽培，露地栽培一般 4 月中下旬播种，行距 40 厘米，株（穴）距 27～33 厘米，每穴 3～4 粒种子。

4. 碧丰

中国农业科学院蔬菜花卉研究所和北京市蔬菜研究中心 1979 年自荷兰引进。植株蔓生，长势强，侧枝较多。甩蔓早，3～5 节着生第 1 花序，花白色，每花序结荚 3～5 个，单株结荚 20 个左右。嫩荚绿色，扁条形，长 21～23 厘米，宽 1.6～1.8 厘米，厚 0.7～0.9 厘米，单荚重 16～20 克。嫩荚纤维较少，品质好。种子白色，百粒重 45～55 克。适应性强，较抗锈病，不抗炭疽病。全国南、北方均可栽培，适合春播。北京地区 4 月中旬播种，行距 60～70 厘米，株（穴）25～30 厘米，每穴播 3～4 粒种子。苗期生长速度快，应适当控水，以防疯秧。坐荚后加强肥水管理，较早熟，北京地区春播 65 天左右收获嫩荚，每亩收获嫩荚 1300～2000 千克。

5. 芸丰

大连市农业科学研究所育成。植株蔓生，长势中等，分枝较少。花白色，嫩荚浅绿色，荚长 22～24 厘米，宽、厚各 1.5 厘米，平均单荚重 16.7 克。肉质细嫩，膜不硬化，品质好。较耐寒，不耐热，亦不耐涝、旱。高抗病毒病，中抗炭疽病、锈病。适宜春、秋两季栽培，春季 4 月中、下旬播种，秋季 7 月中旬播种。行距 70 厘米，株（穴）距 23 厘米，每穴 2～3 粒种子。每亩产嫩荚 2000～2500 千克。

6. 青岛架豆

青岛市近郊地方品种。植株蔓生，生长势较强，分枝多，叶片较大，深绿色，有茸毛、叶面皱褶。主茎第4～6节着生第1花序，花紫红色，结荚较多。荚长棒形，鲜绿色，荚面光滑，长18～23厘米，宽1.1～1.4厘米，厚0.9厘米。纤维少，不易老，品质较好。种子肾形，皮黑色。较耐热，抗病，较耐盐碱，适应性强。中熟品种。一般适于春播，4月中、下旬播种，行距53厘米，株（穴）距26厘米，每穴播种子4～6粒。每亩产嫩荚2000～3000千克。

7. 福三长丰

山东省烟台市福山区三里店村技术员从双季豆中选出的自然变异种。植株蔓生，分枝性强，结荚多，丰产性能好。叶色淡，肾形。在第4片真叶着生第1花序，每花序结荚3个，全株可结荚48个。荚扁宽，淡绿色，长20.5厘米，宽1.56厘米，平均单荚重14.22克。肉质松软鲜嫩，粗纤维少。种子褐色。抗逆性强，适应范围广。适宜鲁、冀、豫、辽、赣等省春、秋两季种植，并适于保护地栽培。春播以4月中旬至5月上旬为宜，秋播以8月上中旬为宜。行距65～75厘米，株（穴）距25厘米，每穴播2～3粒种子。始收期为55天左右，每亩产嫩荚1600～2500千克。

8. 秋紫豆

陕西凤县科技人员从农家品种变异单株选育而成。植株蔓生，蔓长达3.5～4米，生长势强。叶柄、茎、花均为紫色。每花序结荚 6～8 个，荚紫红色，长 15～20 厘米，扁平，肉厚，纤维少。耐寒、耐旱、耐贫瘠，抗病虫，抗逆性强，适应性广。种子黑色，肾形，大粒。适宜陕西及相邻地区夏末秋初露地种植，供应 8～9 月蔬菜淡季，采收期可一直延至霜降。一般冬小麦收获后播种，行距 60～65 厘米，株（穴）距 45～60 厘米，每穴播 3～5 粒种子。中熟，播后 60 天左右收获嫩荚，每亩产嫩荚 3400～4000 千克。

（三）晚熟品种

1. 晋菜豆一号

山西大同市南郊区城关蔬菜实验站选育的新品种。植株蔓生，第三节开始节节着生花序，每个花序结荚 4～6 个。嫩荚淡绿色，宽扁形，长 20～26 厘米，最长可达 35 厘米，宽 1.8 厘米，单荚重 23 克左右。荚皮厚嫩，纤维少，品质好。种子白色肾形，百粒重 42.8 克。山西全省栽培，生长势强，有恋秋特征。从立夏到小满都可播种，行距 50 厘米，株（穴）距 40 厘米，每穴播 3 粒种子。从播种到收获 65～70 天，每亩产嫩荚 3000～3300 千克。

2. 一尺莲

大同市科协选育的优良品种。植株蔓生，生长势强。叶色深绿，叶片肥厚，叶柄较长。分枝能力强，有五条侧枝，侧枝上还可形成侧枝。主蔓 3～4 节着生第 1 花序，花白色，每花序结荚 3～6 个，单株结荚 70～120 个。嫩荚绿色，棍形，长 30 厘米左右，粗 1.3 厘米，单荚重 30

克左右。嫩荚无筋无柴，实心耐老，品质佳。种子肾形，古铜色，百粒重38克。抗病、耐热、抗涝、耐旱。适时播种，密度合理。一般株行距50厘米×55厘米，每穴1～2粒种子。架材要高，及时引蔓。播种后77天开始收获，每亩产嫩荚3500～4000千克。

3. 95-33架豆王

北京市丰台天马蔬菜种子研究所培育的新品种。植株蔓生，生长旺盛，有五条侧枝，侧枝还可继续分枝。叶色深绿，叶片肥大。第一花序着生在3～4节上，花白色，每个花序结荚3～6个。荚绿色，圆形，长30厘米以上，横径1.1～1.3厘米，单荚重可达30克，单株结荚70个左右。中晚熟，抗病。适宜北京及附近地区春、秋露地和大棚栽培。株行距50厘米×55厘米，每穴1～2株。从播种到收获嫩荚70天左右，每亩产嫩荚3000～4000千克。

三、菜豆绿色栽培技术

菜豆既不耐寒也不耐热，传统上在北方分春、秋两季栽培。一般10厘米土温稳定在8℃以上即可播种，终霜后出苗，6～7月份采收；秋菜豆播种时期应在当地早霜前100天左右。近些年随着园艺栽培设施的大量兴建和应用，为菜豆的周年生产提供了条件，小拱棚、大拱棚、日光温室的春早熟栽培、秋延后栽培以及日光温室的秋冬茬栽培、冬春茬栽培多种形式全面发展，使菜豆的栽培面积有了较大的发展，产量成倍增长。加上贮藏加工技术的应用，使菜豆基本实现了周年供应。

（一）春季露地绿色栽培

1. 品种选择

春季露地栽培可选用架豆，也可选用矮生地豆。矮生菜豆耐寒性稍强，可早播 3～5 天。不过，首选品种应以耐寒、早熟为目标，其次是抗病性、产量、品质等。

2. 播种期的确定

菜豆喜温，不耐霜冻，其生长季节应在无霜期内。适宜的播种期因品种特性和各地气候条件不同而异。掌握的原则是当地断霜前 5～7 天，或 10 厘米地温稳定在 10℃以上。这样，出苗时晚霜已经过去。采用地膜覆盖的可提前 1 周播种。

3. 整地、施肥、作畦

选用土层深厚、疏松肥沃、通气性良好的沙壤土，最好冬前进行深翻晒土，冻垡，入春后耙地。另外，选择地块时切忌重茬，不能与豆类作物连作，前茬最好是大白菜、茄科作物或葱蒜类。菜豆虽有根瘤菌，但仍需施入适量氮肥。菜豆对磷钾肥反应敏感，增施磷肥可促进根瘤菌的活动。一般结合整地作畦，每亩施入有机肥 3000～5000 千克、过磷酸钙 50 千克、磷酸钾性复合肥 35～50 千克、硼砂 0.5～1 千克。架豆一般做成 80～90 厘米的畦，栽 2 行；矮生菜豆做成 1.7 米的畦，栽 4 行。

4. 播种与育苗

菜豆一般采用干籽直播。但早春地温低，也可采用育苗移栽。种子处理：将种子在阳光下晒1～2天。直播方法：播种前2～3天浇水润畦，待土壤稍干不黏时进行浅翻松土，耧平畦面待播。播种多采用开沟点播的方法。架豆行距约50～65厘米，先按行距开35厘米深的沟，再按40～50厘米的株（穴）距点播，每穴播2～4粒种子；矮生菜豆行距40厘米左右，株（穴）距30厘米左右，每穴播3～5粒种子，播种深度5厘米左右，播后覆土平畦，加盖地膜。覆盖地膜者出苗后要立即破膜放苗，以免高温烫苗。育苗方法：为了保证苗全、苗壮也可采用育苗移栽法。通常用塑料钵、纸钵或营养土方，在日光温室、大棚或小棚中育苗，可比直播提早成熟7～10天。营养土的配制一般为无病虫的园土5份，腐熟的堆、厩肥4份，过磷酸钙0.5份，草木灰0.5份。混匀后装入塑料钵或制成6～8立方厘米的营养土方。播种时先浇透底水，在每钵或每块土方的中央挖孔，播上种子，其上再覆2～3厘米厚的营养土。温度管理以白天25℃左右，夜间15～18℃为宜。整个苗期不需浇水施肥，当苗龄20天左右即可定植。

5. 定植

育苗移栽的要及时定植，定植时的株行距同直播的一样。一般进行穴栽，带土坨定植，深度以埋没土坨为宜。定植后浇少量定植水。

6. 田间管理

中耕蹲苗：出齐苗后浇一次水，进行中耕松土，育苗移栽的在缓苗后中耕，随即进入蹲苗阶段。蹲苗期间进行

2～3 次中耕，直至矮生菜豆现蕾、架豆抽蔓之时结束蹲苗，浇一次大水。插架、引蔓：架豆在浇水后及时进行插架，架式可根据栽培方式和不同品种的生长习性采用编花架、人字架、篱架或四角架等。插好架后进行人工引蔓，以后任其自行缠绕。

水分管理：菜豆对水分要求较为严格，水分不足，植株生长不良，影响产量和品质；水分过多，又使植株徒长，落花落荚严重。菜豆在水分管理上总原则是前控后促，浇荚不浇花。开花前如过于干旱，可浇一次小水，以供开花之需要。一般当幼荚 2～3 厘米长时开始浇水，以后每 5～7 天浇一次，保持土壤湿润。进入高温季节，应勤浇轻浇，并在早晚浇水和雨后压清水，以降低地表温度。

施肥技术：菜豆在整个生育期中需氮、钾肥较多，磷肥较少，还需一定量的钙。一般结合浇水追肥 3～4 次，第一次在团棵后追施提苗肥，每亩追施有机肥 1000 千克；第二次在嫩荚坐住后追施催荚肥，每亩施尿素 10～15 千克、过磷酸钙 10 千克；以后在盛荚期再追肥 2 次，硫酸铵每亩 15～20 千克。

7. 适时采收

菜豆以嫩荚供食用，一般开花后 10～15 天即可采收。采收标准为荚果由细短变粗长、由粗变为白绿，豆粒稍显。矮生菜豆采收期相对集中，2～3 次可采收完毕，采收期仅 20～30 天；架豆陆续结荚、陆续采收，3～4 天采收一次，采收期可达 50～80 天。

（二）秋季露地绿色栽培

秋季菜豆露地栽培的气候条件与春季有很大不同。温度由高温到低温直至出现霜冻；湿度由前期的潮湿多雨到后期的逐渐干旱；光照强度由强到弱，日照时间由长到短。根据以上特点，秋季露地菜豆在栽培管理上应把握好以下环节。

1. 品种选择

应选择耐热、抗病和病毒病的品种。要求结荚比较集中，坐荚率高。矮生品种一般选用冀芸 2 号、地豆王 1 号、美国供给者等；蔓生品种可选择丰收一号、老来少、青岛架豆、新秀 2 号等。

2. 播种期的确定

秋菜豆的播种期应根据初霜期的出现时间往前推算，架豆到初霜来临应有 100 天的生长时间，矮生菜豆需有 70 天以上的生长时间。所以北方地区的播种时间应在 7 月中旬至 8 月初。过早播种，开花结荚时正值炎夏高温，易引起落花落荚；播种过迟，气温下降，豆荚不易成熟，产量下降。

3. 适当密植

秋菜豆的生育期较短，长势也比较弱，因此株小，侧枝少，单株产量也较低。所以应加大密度，蔓性菜豆可采用行距 50～65 厘米，株距 30～40 厘米，每穴播 3～4 粒种子；矮生菜豆行距 35～40 厘米，株（穴）距 30 厘米左右，每穴播 4～5 粒种子。

4. 整地做畦

栽培地块在前茬拉秧后应马上深翻灭草，每亩施基肥 3000 千克。做成 10～15 厘米的小高畦，便于排涝，畦的大小可与春播相同。

5. 播种

播种时应有足够的墒情，最好在雨后土不黏时播种或浇水润畦后播种。如播后遇雨，土稍干时要及时松土。注意播种时不能过深，以不超过 5 厘米为宜，防止雨后因畦面板结影响幼苗出土，或播种穴积水造成烂种。

6. 中耕蹲苗

秋菜豆出苗后气温高，水分蒸发量大，应适当浇水保苗，所以蹲苗期相对较短。同时中耕要浅，以防土表层温度过高。中耕多在雨后进行，以划破土表、除掉杂草为目的。

7. 加强肥水管理

秋菜豆生长期短，应从苗期就加强肥水管理，力争在较短时间能长成较大的株型，提早开花结荚。一般从第 1 真叶展开后要适当浇水追肥，开花初期适当控制浇水，结荚之后开始增加浇水量。需要注意的是雨季一方面要排水，另一方面还应浇井水以降低地温，因雨季的雨是"热雨"。随着气温逐渐下降，浇水量和浇水次数也相应减少。追肥可于坐荚后施化肥，每亩施磷钾复合肥 10 千克。

秋菜豆采收期较短，一般从 9 月中下旬到 10 月下旬，早霜来临前收获完毕。

（三）夏季露地绿色栽培

1. 选择适宜的品种

夏季气温高，雨水多，日照时间长，因此应选择耐热、抗病，花期对日照长短要求不严的品种，如绿龙、九粒白、老来少、丰收一号、青岛架豆等。

2. 选择适宜的地块

宜选择地势高燥，排灌方便，土质疏松，富含有机质的沙壤土地块种植。结合深翻，每亩施圈肥 4000 千克、过磷酸钙 50 千克、草木灰 100 千克或硫酸钾 15 千克。利用小高畦栽培，畦高 10～18 厘米，畦面宽 120～130 厘米，畦为南北向，畦长 6～8 米。

3. 适时播种，合理密植

麦收后即可播种，一般在 5 月底至 6 月上旬。播种前进行晒种和药剂拌种。夏菜豆苗期气温高，适当密植是获得高产的因素之一。一般行距 40～60 厘米，株距 20～30 厘米，每穴播种 3～5 粒，播种深度 3～4 厘米，每亩播量 2.54 千克。

4. 田间管理

菜豆齐苗后，浇 1 次水及时中耕 1～2 次，并控制灌水。开始抽蔓时，即可搭“人”字形架。第一花序开花期一般不灌水，以防枝叶徒长而造成落花。夏季气温高，灌水要小水勤浇，暴雨之后要“涝浇园”，防止落花落荚。第一次追肥在抽蔓后，可结合灌水，每亩施腐熟的圈肥 1000 千克，并追施磷钾复合肥 10 千克。第二次追肥在嫩荚坐住后进行。

5. 及时采收

夏季气温高，豆荚生育较快，开花后约 10 天即可采收。

（四）小棚菜豆春早熟绿色栽培

1. 品种选择

小拱棚栽培由于空间小，只能选矮生菜豆。应尽量选择早熟品种，如美国供给者、意大利玉豆、地豆王 1 号、推广者等。

2. 整地作畦

选择土壤肥沃，2～3 年内没有种过菜豆的沙壤土地块。播前半个月深翻，每亩施入充分腐熟的有机肥 4000 千克左右、过磷酸钙 20 千克、硫酸铵 15 千克、氯化钾 15 千克或草木灰 40 千克，精细整地，土肥混匀，整地耧平，按小棚的方位做成平畦，畦宽 80～90 厘米。也可以采用小高畦栽培。

3. 直播或育苗

可于早春 2 月下旬至 3 月上旬直播于小拱棚中。但多数情况下采用提前育苗而后移栽的方法，在日光温室或电热温床中于 2 月上中旬育苗。早春育苗受低温环境影响较大，必须加强采光和保温，精心管理。为提高床温，亦选用马粪、牛粪、园土和过筛的炉灰渣为床土，比例 4∶2∶2∶2，混匀后做成营养土方或采用营养钵育苗。当床土温度升至 10℃ 以上时进行播种。播种前进行晒种和药剂拌种（方法同春露地栽培），每钵播种 3～4 粒种子。

4. 播后管理

苗期管理主要是温湿度管理，可通过揭盖草苫和通风来调节。出苗前不通风，白天保持 25～28℃的高温。当有 80%的苗出土时开始放风，温度降到白天 20～25℃、夜间 15℃。移栽前加强通风，使白天保持 18～20℃、夜间 5～10℃即可。但应注意逐渐降温，一次不可降得太多。苗期的水分管理主要通过多次中耕来保墒，土方育苗时可不中耕。为防降低土温，苗期一般不浇水。菜豆的适宜苗龄为 20 天左右，当第一对单片真叶展开、真叶刚现时进行定植。

5. 定植

小棚上可加盖草苫，定植期可提早到 2 月下旬至 3 月上旬。这样 4 月上旬便进入开花结荚期，4 月下旬即可收获。保护地中温湿度较高，植株生长旺盛，株行距应适当加大，大约行距 40 厘米，株距 25 厘米。定植时按土方起苗，栽好后浇小水，以湿透土坨为宜。

6. 定植后的管理

定植后应保持较高温度，以白天 25℃、夜间 15℃以上为宜。要早盖晚揭草苫，一般不放风，当中午温度超过 30℃时可小放风。缓苗后温度降至白天 20～23℃，适当早揭晚盖草苫。随温度升高，逐渐加大通风量和通风时间，5 月份后可撤掉棚膜。早春温度低，应控制浇水。一般于定植后 5～7 天浇一次缓苗水，而后中耕提温，并适当蹲苗。蹲苗期间中耕 2～3 次，直到开花前浇一次水结束蹲苗，并随水追施硫酸铵每亩20～25千克。进入结荚期，气温回升较快，要肥水充足，保持土壤湿润。至拉秧前一般浇水3～4次，追肥1～2次。生长后期，为防早衰，更要补充肥水，可叶面喷施0.2%～0.3%尿素和磷酸二氢钾。

7. 采收

春早熟菜豆应适当早采，一般3～4次采收完毕，采收期只有1个月左右，主要供应4月份蔬菜淡季。如第一批嫩荚采收后植株尚保持旺盛，可再每亩追施硫酸铵15～30千克，促进腋芽抽生花序，进行第二次结荚，使采收期延长到6月底。

8. 剪枝再生，促增产

如第一批嫩荚采收后植株尚保持旺盛，无衰老现象，这时用剪刀从茎部分枝处留4～5厘米，剪去以上部分。剪枝后加强管理，晴天浇小水，随水每亩追施磷酸二铵10千克，促进腋芽抽生花序，进行第二次结荚，使采收期延长到6月底。还可第2次剪枝，但要注意加强管理，使之长势良好。

（五）大棚菜豆春早熟绿色栽培

1. 品种选择

大棚栽培由于空间大一般选择蔓生品种，以延长供应期，获得优质高产。适宜的品种有老来少、丰收一号、双丰一号、新秀2号等。

2. 育苗方法

由于大棚在3月中下旬才能栽种菜豆，所以一般先在日光温室或温床育苗，然后移栽到大棚，以达到早熟之目的。营养钵育苗：一般选用10厘米×10厘米的营养钵，内装营养土。营养土通常为园土50%、鸡粪堆肥50%，每立方米再加入过磷酸钙或钙镁磷肥3～4千克、复合肥3～4千克。拌匀装钵播种，然其放入苗床或电热温床上。两段育苗法：为节省用地，可先在苗床大密度播种，然后再移栽到营养钵或营养土方中。播种床一般用电热温床，上铺10厘米厚河沙，浇透水后按6厘米×3厘米距离点播。播后温床平扣薄膜，并加盖草苫。当幼苗第1对单片真叶展开时移栽到营养钵或营养土方中。每钵栽3～4株。

3. 苗期管理

播种后25℃左右的温度，出苗后降到白天20℃左右，夜间15℃左右。第1真叶展开至定植前10天正值根系生长和花芽分化时期，应适当提高温度，白天20～25℃，夜间10～15℃。定植前5天降至5～10℃。营养钵育苗在土壤干燥时可适量浇水，两段育苗法在分苗时浇一次水后也可不再浇水。特别是定植前7～10天不要浇水。早春育苗苗龄可适当大些，一般25～30天，利于早熟。菜豆壮苗的标准是初生叶和真叶大、叶色绿、节间和叶柄短。

4. 扣棚、整地、做畦

上茬作物拉秧后即进行深翻晒土。定植前半个月每亩施腐熟的农家肥5000千克、过磷酸钙50千克、硫酸钾25千克、饼肥100千克。深耕耙平后做成1～1.2米宽的小高畦，之后扣上薄膜进行烤地，准备定植。

5. 定植

华北、华东地区大棚栽培一般以3月中下旬为宜，10厘米地温应稳定在12℃以上。定植时先开沟灌水，待水渗下后栽苗；或先开沟栽苗后灌水。无论哪种栽法灌水量都不要过大，以湿透土坨为准，栽后上面覆盖干土。每畦栽两行，采用吊架时，行距40～50厘米，穴距20～25厘米，两畦间距70～80厘米；用竹竿插架时，行距70～80厘米，两畦间距40～50厘米。

6. 定植后的田间管理

（1）温度管理　缓苗前不通风、不浇水，保持温度在25℃。如温度偏低，夜间可加盖或进行浮动覆盖。缓苗后开始通风，保持白天20～25℃，夜间不低于13℃即可。开花前保持白天25℃，夜间不低于10℃。进入结荚期，白天22～25℃，夜间13～15℃。进入5月后，随外界气温增高，应逐渐加大通风量，夜间温度不低于15℃时可昼夜通风。白天防止出现27℃以上的高温，也可在适当时候撤掉棚膜，进行露地管理。

（2）中耕及肥水管理　早春温度低，定植后主要依靠中耕进行保墒，少浇或不浇水。一般定植2～3天即开始中耕培土，以提高地温。缓苗后浇一次缓苗水，闭棚3～5天，提高温度。之后进入蹲苗期，其间进行2～3次中耕。甩蔓时结束蹲苗，浇一次透水。并随水追施腐熟粪肥每亩1000千克或硫酸铵30千克，几天后再浇一次水。进入开花期禁止浇水。当第一批幼荚坐住5厘米大小时再肥水齐放，促进幼荚伸长，这就是所谓的“浇荚不浇花”。

以后每7～10天浇一次水，每次随水追施稀粪300千克。前期可叶面喷施0.01%～0.03%的钼酸铵，后期可叶面喷施0.2%～0.5%尿素和磷酸二氢钾。

（3）其他管理　在甩蔓30～50厘米时及时插架或用塑料绳引蔓。生长后期应将下部老叶打掉，以利通风透光。一般从定植后35～45天开始收获，可一直采收到6月下旬或8月上旬。

（六）大棚菜豆秋延后绿色栽培

1. 品种选择

大棚秋延后栽培也多选用架豆品种，以较耐热的丰收一号、青岛架豆、老来少、秋紫豆等为首选。

2. 播种期与播种方法

由于架豆收获期较长，加上从播种到始收所需天数，就此推算播种期一般在7月下旬至8月初。9月中下旬开始收获，直至11月中下旬拉秧。如果前茬拉秧较早，一般在棚内直播，株行距基本同春播架豆；如前茬拉秧较晚，可在其他地块搭荫棚育苗，然后移栽到大棚。

3. 移栽及田间管理

直播的打足底水后苗期一般不浇水，只在出苗后进行中耕。育苗移栽的在苗龄为20～25天，带土坨定植，覆土后浇水，2～3天后再浇一次缓苗水。植株抽蔓后进行第一次追肥，然后中耕培土，插架吊蔓。以后的肥水管理基本同春早熟栽培。

4. 扣棚及扣棚后的管理

进入9月下旬，温度逐渐降低，应及时扣上薄膜，原来只扣天棚的也应扣好边围。但扣棚初期应进行大通风，保持白天 30℃以下，夜间 15℃以上即可。10 月中旬以后减少通风，停止追肥并控制浇水。进入 11 月份大棚四周可围上草苫防寒保温，尽量延长生长期。

（七）日光温室秋冬茬菜豆绿色栽培

1. 品种选择

菜豆秋冬茬栽培，宜选择分枝少、小叶型的中早熟蔓生品种，常用品种有嫩丰 2 号、一尺青、芸丰（623）、绿丰、丰收 1 号、老来少等。各地可根据当地市场的销售情况选择消费者喜欢的品种栽培。

2. 种子处理

播种前选择籽粒饱满纯正的新种子进行处理，方法有三：①选用无病种子是防病关键，种子采用 48℃温水浸种 15 分钟，或用 50%代森锌 200 倍液浸种 20 分钟，清水冲洗干净后播种。②用 50%多菌灵可湿性粉剂 5 克拌种 1 千克，可防止枯萎病发生；③用 0.08%～0.1%的钼酸铵液浸种，可使秧苗健壮、根瘤菌增多。用钼酸铵溶液浸种时，应选将钼酸铵用少量热水溶解，再用冷水稀释到所需浓度，然后将种子放入浸种 1 小时，用清水冲洗后播种。

3. 播种时期

可根据设施的保温、采光条件，栽培管理水平，种植茬口以及要求上市时间来确定。8 月下旬至 10 月上旬均可播种。早播产量高，晚播产量较低，但效益较好。如冬暖大棚保温采光条件好、管理水平高，适当晚播，可提高效益。

4. 整地施肥

前茬收获后及时清除残株枯叶，浇一次透水，晒地2～3天，每亩施有机肥5000～6000千克、过磷酸钙50千克、氮磷钾复合肥或磷酸二铵50千克作基肥，深翻25～30厘米，晒地5～7天，耙平做成平畦、高畦或中间稍洼的小高畦均可，畦宽1～1.2米。

5. 播种方法

每畦播种两行，行距50～60厘米，穴距25～30厘米开穴，穴深3～4厘米，穴内浇足水，水渗后每穴播3～4粒种子，覆土2厘米左右，切不可把种子播在水中或覆土过深，以防烂种。播前覆地膜，并按穴距用铲刀在地膜上切成十字，开穴播种。播种后将十字形地膜口恢复原位，并压上少许细土。幼苗出土后及时将出苗孔周围地膜封严，防止膜下蒸气蒸伤幼苗。为增加菜豆群体内的通风透光，减少落花落荚，提高菜豆产量，可与其他矮生小菜间作，1～2畦菜豆可间作1畦矮生小菜。

6. 田间管理

（1）补苗　菜豆子叶展开后，要及时查苗补苗。保证菜豆苗齐是提高产量的关键措施之一。

（2）浇水　播种时底墒充足的，从播种出苗到第1花序嫩荚坐住，一般不浇水，要进行多次中耕松土，促进根系、叶片健壮生长，防止幼苗徒长。如遇干旱可在抽蔓前浇水一次，浇水后及时中耕松土，第1花序嫩荚坐住后开始浇水，以后应保证较充足的水分供应。浇水时应注意：

①避开盛花期浇水，防止造成大量落化落荚，引起减产；②扣棚前外界气温高时，应在早、晚浇水；③扣棚后外界气温较低，应选择好天中午前浇水，浇水后及时通风排出湿气。防止夜间室内结露，引起病害发生。

（3）追肥　第1花序嫩荚坐住后，结合浇水每亩追施硫酸铵15～20千克或尿素10千克，配施磷酸二氢钾1千克，或施入稀人粪尿1000千克。以后根据植株生长情况结合浇水再追肥一次。生育期间可进行多次叶面追肥。亦可结合防治病虫用药时进行。叶面肥可选用0.2%尿素、0.3%磷酸二氢钾、0.08%硼酸、0.08%钼酸铵、光合微肥、高效利植素等。有利于提高坐荚率，增加产量，改善品质。

（4）吊蔓　植株开始抽蔓时，用尼龙绳吊蔓。吊蔓绳要长于地面到棚顶的距离，以便植株长到近顶棚时，在不动茎蔓的情况下落蔓、盘蔓延长采收期，提高产量。落蔓前应将下部老叶摘除并带出棚外，然后将摘除老叶的茎蔓部分连同吊蔓绳一起盘于根部周围。使整个棚内的植株生长点均匀分布在一个南低北高的倾斜面上。

（5）扣棚管理　冬暖大棚一般在10月上旬扣棚，扣棚后7～10天内昼夜大通风，随着外界温度的降低，应逐渐减少通风量和通风时间，但夜间仍应有一定的通风量，以降低棚内温度和湿度。在外界低气温降到13℃时，夜间关闭底风口，只放顶风，夜间气温低于10℃时关闭风口，只在白天温度高时通风。11月下旬以后，夜间膜上盖草苫，防止受冻，延长采收期。扣棚后温度管理原则是：出苗后，白天温度控制在18～20℃，25℃以上要及时通风，夜间13～15℃。开花结荚期，白天温度保持在18～25℃，夜间15℃左右。

（八）日光温室冬春茬菜豆绿色栽培

1. 品种选择

日光温室也以架豆为首选，同时要求低温，耐阴、耐较高的空气湿度。常用品种有丰收一号、福三长丰、架豆王、一尺莲等。

2. 适期播种

冬季温度比较低，生长较慢，从播种到收获的时间比较长。为了赶在春节上市，播种期应在11月中旬，到严冬来临，幼苗已长到一定大小，较为耐寒。

3. 整地、做畦及播种

（1）直播　如前茬在11月上旬收获完毕，应立即深耕，将病虫杂草翻入下层。然后增施有机肥每亩5000千克以上、复合肥50千克，深耕混匀，做成1.2米宽的高畦。将晾晒后的种子用1%福尔马林浸种10～15分钟，清水冲洗后播种。按行距60～80厘米、穴距20～25厘米播种，每穴2～3粒种子。播后覆土并覆地膜保温。

（2）育苗　前茬收获较晚时，先在其他地块或温室的边缘地角进行育苗，然后移栽。育苗及移栽方法参考大棚春早熟栽培。

4. 播后至采收前的管理

出苗前保持较高的温度，地温12℃以上，气温20～

25℃。子叶展开后气温降至 15～20℃，并及时划开地膜或揭开地膜，之后连续中耕 2～3 次。进入抽蔓期保持白天 20～25℃、夜间 13～15℃，超过 25℃时及时通风降温。开花结荚期以白天 20～22℃，夜间 15～17℃为宜，当温度降到 15℃以下时及时加盖草席保温。苗期一般不浇水施肥，直至开花前仍需控制浇水。采用营养钵育苗时需浇 1～2 次小水。当苗有 3 片真叶、苗龄 20～25 天时及时移栽。浇缓苗水后中耕 2 次。蔓长 30 厘米时插架。

5. 采收期管理

第 1 批荚坐住后增加灌水量，保持土壤湿润，但应尽量晴天中午浇水，利于恢复地温。整个生育期需浇水 5～6 次，追肥 2～3 次。温室环境下肥水不要过多，否则菜豆容易徒长、发病。注意及时采收嫩荚，促进下一批花的成荚率，也可延迟植株衰老。

四、菜豆病虫害及绿色防控技术

（一）菜豆病害

1. 菜豆锈病

（1）病原　本病由真菌疣顶单胞锈菌侵染引起，疣顶单胞锈菌属担子菌亚门、锈菌目。本菌属全孢型单主寄生菌，孢子具多型性，先后产生性孢子、锈孢子、夏孢子、冬孢子和担孢子，但在植株上最易看到的是夏孢子和冬孢子。病菌除为害菜豆外，扁豆和绿豆亦被侵染。

（2）田间识别　主要为害叶片，叶柄、茎和豆荚也被侵染。在叶片上初生黄白色或苍白色斑点，中部稍隆起，后变为黄褐色疱斑，表皮破裂后，散出红褐色粉状物，通常在叶片背面发生较多，发病后期夏孢子堆变为黑色，或在衰老叶片上另生黑色疱斑，冬孢子堆表皮破裂后，散出黑褐色粉末状物，发生多时，叶片早枯。在叶柄和茎上的症状与叶片上的相似，但疱斑多呈长条状，荚上发生的孢子堆一般比叶上的大。

（3）发病原因　病菌主要以冬孢子随同病残体留在地上越冬，冬孢子萌发时产生担子及担孢子引起初侵染。但在植株生长期间，主要靠夏孢子通过气流传播进行重复侵染。温度20～25℃，多云潮湿发病重，高温低湿发病轻，矮生种较抗病，蔓生种易感病。

2. 菜豆细菌性疫病

（1）病原　本病由细菌野油菜黄单胞菌菜豆致病变种侵染引起，病菌除侵染菜豆外，还为害豇豆、扁豆、绿豆、赤豆等。

（2）田间识别　主要为害叶片，茎和豆荚也被害。叶片发病多从叶尖或叶缘开始，叶斑不规则形，褐色，病部组织干枯，半透明，周围有黄色晕环。天气潮湿时，病斑上常分泌淡黄色黏液（细菌菌脓），最后引起叶片枯死。茎上病斑条状，红褐色，稍凹。在豆荚上，初生暗绿色油浸状斑点，扩大后为不规则形，红色或红褐色，有时略带紫色，最后变为褐色的病斑，斑面凹陷，在潮湿环境下，斑面常有淡黄色菌脓。病种子种皮皱缩，有黑色微凹的斑点。

（3）发病原因　病菌主要在病种子内越冬，2～3年仍具有生活力，播种带菌种子，长出的幼苗即是病苗，在其子叶及生长点上，产生菌脓，借风雨、昆虫传播，从植株的水孔、气孔及伤口侵入。病菌发育适温30℃。在适温范围内，植株表面有水滴或呈水膜状湿润，均有利本病发生。高温、高湿、密植不通风，雨水多，发病重。

3. 菜豆炭疽病

（1）病原　本病由真菌豆刺盘孢侵染引起，豆刺盘孢属半知菌亚门、黑盘孢目。病菌除为害菜豆外，还侵染扁豆、绿豆、豇豆、蚕豆等豆科作物。

（2）田间识别　全生育期均可发病。苗期子叶病斑圆形。红褐色，凹陷，溃疡状。子茎病斑条状，锈色。成株叶片多发生在背面的叶脉上，初呈红褐色，后变为黑色至黑褐色条斑，相互连接，形成三角形或多角形。叶柄和茎上病斑褐锈色、细条状、凹陷和龟裂，有时病斑相互愈合，形成长条斑。荚上病斑圆形或近圆形，褐色至黑褐色，稍隆起，内部凹陷，外围常有红或紫红色晕环。潮湿时，斑面常分泌出粉红色黏物质。种子病斑黄褐色至褐色，大小不一，略向下凹。

（3）发病原因　病菌主要以菌丝体在种子内越冬，带菌种子发芽后直接侵染子叶。发病温度为17℃左右，湿度100%，如温度超过27℃、湿度低于92%，病害很少发生。一般蔓生种抗病，矮生种感病。温凉多湿的环境发病重。

4. 菜豆枯萎病

（1）病原　本病由真菌尖镰孢菜豆专化型侵染引起，本病菌属半知菌亚门、瘤座孢目。寄主范围很窄，只为害菜豆属。

（2）田间识别　本病多在开花前后开始发生，植株叶片由黄变褐，全叶枯死，脱落。根部变色腐烂，容易拔起。如将茎基部纵切，可见其维管束呈褐色至黑褐色。发病后期整株枯死。

（3）发病原因　病菌主要以菌丝体随病残体留在地上越冬，并能在土中行腐生生活。种子也能带菌，播种带菌种子，长出的幼苗即是病苗。植株生长期间通过流水、土壤、耕作等传播，从根部伤口侵入，在植株的维管束组织的导管中生长发育，并向上扩展。温度24～28℃、相对湿度在70%上时，病害发生多，为害也严重。低于24℃或高于28℃发病轻。

5. 菜豆花叶病

（1）病原　本病由普通花叶病毒侵染所致。病毒除为害菜豆外，还能侵染豇豆、蚕豆、扁豆等豆科作物。汁液接触和蚜虫（棉蚜、桃蚜、莱缢管蚜、菜蚜、豆蚜、黑蚜等）传染，种子带毒率高达30%～50%，土壤不传病。

（2）田间识别　主要表现在叶片上，嫩叶初呈明脉、失绿、皱缩、花叶或斑驳，浓绿部分常隆起呈疱斑，叶面不平，有的品种叶片畸形，叶片向下弯曲。早期感病的，病株矮缩，开花延迟。

（3）发病原因　本病主要由带毒种子传染。播种带毒种子，长出的幼苗即是病苗，在植株生长期间，通过蚜虫吸食过程传染给健株。蚜虫传毒是非持久性的。蔓生种比矮生种发病重。品种间差异很大。少雨干旱年份，蚜虫发生多、发病重。温度高于 30℃或低于 15℃时，一般不表现病状。

6. 菜豆菌核菌

（1）病原　本病由真菌核盘菌侵染引起，核盘菌属子囊菌亚门、柔膜菌目。病菌寄主范围广，有 64 科 225 属 383 种植物。在蔬菜作物中，除豆科作物外，十字花科，茄科等发生也很普遍。

（2）田间识别　茎秆发病多从下部分枝处开始，病部褪绿，变白，最后枯死，周边褐色。病斑初为不规则形，扩大和环绕茎秆后，病茎上部枝叶萎蔫枯死。叶、花、荚发病呈水浸状腐烂，潮湿时，病部长出白色棉絮状菌丝体，并长出初呈灰白色后变为黑色的鼠粪状菌核。

（3）发病原因　病菌主要以菌核在土中越冬，菌核无休眠期，在 5～25℃的温度和潮湿的环境下萌发，产生子囊盘及子囊孢子。子囊孢子借气流传播，侵染为害，此外病部菌丝与健部接触亦能侵染，混有菌核而未腐熟的肥料也具有传病作用。菌核在土中可存活 3 年以上。菌核埋土中 10 厘米以下不能萌发。蔓生种菜豆开花结荚后田间郁闭高湿，有利菌核萌发和子囊孢子侵染。

7. 菜豆灰霉病

（1）病原　本病由真菌灰葡萄孢侵染引起，灰葡萄孢属半知菌亚门、丛梗孢目。寄主范围较广，除豆科蔬菜外，茄科蔬菜、莴苣、黄瓜等均被侵染。

（2）田间识别　主要为害茎基部和豆荚。病部初呈水浸状，无明显边缘，后变褐色，面上生灰色霉层。茎部被害部环绕一周后，其上端枝叶迅速萎蔫。荚部被害后发生腐烂，在病荚上生灰色霉状物。

（3）发病原因　病菌主要以菌核随同病残体在土中越冬，产生分生孢子随气流传播侵染为害。病菌属弱寄生菌型，在寄主植物生长衰弱，抗病差的状况下才易被侵染。病菌发育适温 23℃，最低温度 2℃仍能生长发育，对湿度要求很高，早春保护地栽培时，湿度大、温度低，不影响病菌分生孢子产生和萌发，但低温下降低植株的抗病力，发病重。此外，栽种过密、地面渍水、不通风、不透光，也易引起灰霉病发生。

8. 菜豆绵腐病

（1）病原　本病由真菌瓜果腐霉侵染引起，瓜果腐霉属鞭毛菌亚门、霜霉目。寄主范围很广。许多蔬菜幼苗被害后发生猝倒病，也为害一些蔬菜果实发生果腐。

（2）田间识别　为害叶片和豆荚。在豆荚上初生水浸状斑点，扩大后为褐色、边缘不明显的不整形病斑，可扩大至整个豆荚，在病荚表面密生白色绵状物。在叶片上，病部初呈水浸状斑点，扩大后呈褐色、边缘不明显病斑，表面有或缺白色绵状物。多雨潮湿，病荚和病叶易发生腐烂。

（3）发病原因　病菌以卵孢子或菌丝体随病残体在地上越冬，产生孢子囊及游动孢子，借雨水、灌溉水和风雨传播侵染为害。本菌在15～16℃时侵染较快，30℃以上发育受阻，要求湿度较高，一般在相对湿度95%以上。菜地潮湿，株行间密不通风，湿度大，病害发生多，危害也重。

（二）菜豆生理性病害

1. 矮生菜豆伸蔓和嫩荚变色的原因

菜豆在保护地抢早栽培过程中，节间伸长期，由于棚内容易形成高温、高湿的条件，使节间伸长速度快，幅度较大，尤其主枝顶端节间明显拉长，会被误认为蹲豆伸蔓。通过观察主枝顶端是花芽而不是叶芽，在伸长的主枝上看不到明显的，把这种现象称为“花枝拉长”。这种现象是由于节间伸长期遇高温、高湿所致。露地比保护地出现少，北方地区比南方地区出现少，对产量没有影响，这是矮生菜豆所特有的异常生理现象。菜豆在秋天或延后栽培过程中，如果嫩荚是绿色或白色的品种，由于秋天白天云层薄，太阳光线强，夜温较低，叶绿素形成受到抑制，荚皮中含有的花青素显现，会变成紫红色或绛紫色嫩荚。这种温光现象表现在嫩荚的迎光面，属于花青素反应，与种子质量无关。

2. 落花落荚

（1）落花落荚的原因

① 温度过高或过低：菜豆花芽分化和发育的适宜温度为20～25℃，低于15℃或高于28℃时，易出现发育不完全的花蕾。引起落花，30℃以上落花率达90%左右。

受精的适宜温度为18～23℃，35℃以上植株体内同化物积累减少，豆荚变短、畸形，45℃以上不能结荚。25℃以上高温花蕾不能开放。温度低于10℃时，阻碍花芽发育或受精结荚。

② 营养不足：菜豆花芽分化早，植株较早进入营养生长与生殖生长并进阶段，开花初期植株本身与花、荚争夺营养而引起落花、落荚，尤其是徒长苗。开花中期，因开花数多，花序间、花和荚间争夺营养激烈，晚开的花朵容易脱落。开花后期由于受不良气候条件如高温或低温的影响，植株同化效率降低，同化物积累不足以满足花荚所需时，发生落花落荚。

③ 光照不足，通风不良：菜豆的发育对日照长短要求不严格，但对光照强度反应很敏感，尤其在花芽分化后，当光照强度弱时，同化效率低，落花、落荚数增多。如果栽植密度过大，或支架不当，植株下部郁闭，不仅光照不足，而且通风不良，因而下部落花、落荚比上部更多。

④ 湿度太大或太小：菜豆适宜的土壤湿度是最大持水量的60％～70％，空气相对湿度为55％～65％。湿度对开花结荚的影响与温度密切相关，在较低温度下，湿度的影响较小，而高温下则影响非常大。若遇高温、高湿，柱头表面的黏液失去对花粉萌发的诱导作用；而高温干旱又会使花粉畸形，失去生活力或萌发困难。这两种情况下都会引起大量落花、落荚。

（2）落花落荚的防止措施　栽培技术措施：①选用适

应性广，抗逆性强，坐荚率高的优良品种。②精选种子，掌握适宜的播种时间，使植株的生长发育处在良好的环境条件下。③加强肥水管理：种植地施足基肥；追肥坐荚前少施，结荚期重施，并增施磷钾肥；苗期控制浇水，注意中耕保墒，促进根系生长；初花期不浇水，以免植株徒长引起落花；第一层果荚长至半大时再浇水；蹲苗到第一花序的荚长至半大时及时结束，蹲苗期过长会引起植株早衰。④选择土质疏松、排水良好的土块。畦的形式因地制宜，要求排灌方便。⑤及时防治病虫害，保持植株健壮。喷施植物生长调节剂：用5～20微升/升的萘乙酸或2微升/升的对氯苯酚代乙酸喷洒在开花的花序上，可减少落花，提高接荚率，但效果不稳定。

（三）菜豆虫害

1.豆类根结线虫病

（1）本病由根结线虫侵染引起，主要种类有南方根结线虫、北方根结线虫、爪哇根结线虫等，我国华南、华东及华北均有发生。其中南方根结线虫寄主范围广，几乎包括各种作物，豆科作物中较常见的有绿豆、菜豆、红豆、赤小豆、扁豆、大豆等。

（2）田间识别　本病主要为害地下根部。地上部病株叶片褪绿黄化，矮小瘦弱，与其他根部病害及缺氮引起的地上部症状相似。根部肿大形成大小不等的瘤状根结，根结上部形成短支根及许多密集的须根。后期根常腐烂。

（3）发病原因　根结线虫病以土中的卵囊团、病残根结为主要的初侵染源。线虫在田间蔓延主要借农事操作和水流传播。土中线虫95%在表层20厘米内的土壤中。根结线虫具有好气性，一般地势高燥、土质结构疏松的砂质土壤，适于线虫活动，病害发生较普遍和严重。土质黏重、潮湿、板结，不利根结线虫活动，发病轻。

2. 豌豆潜叶蝇

（1）豌豆潜叶蝇又称夹叶虫、叶蛆、拱叶虫等，除西藏外，我国其余各地均有分布。主要为害豌豆、蚕豆等豆类作物。

（2）田间识别　幼虫在叶片组织中潜食叶肉，形成弯弯曲曲的蜕化道。严重时，可使叶片枯萎，影响豆类果荚饱满，降低产量。成虫为小型的蝇子，长约2毫米，头部黄色，复眼红褐色，触角和足黑色，胸腹部灰褐色，上有许多细长毛。雌虫腹大，末端有漆黑色产卵器。幼虫蛆状，长约3毫米，长圆筒形，低龄体乳白色，后变为黄白色。身体柔软透明，体表光滑。

（3）发生规律　豌豆潜叶蝇在辽宁1年发生4～5代，在华北1年发生5代，在福建1年发生13～15代，在广东1年发生18代。主要以蛹越冬；各地均从早春起，虫口数量逐渐上升，到春末夏初达到为害猖獗时期，主要为害豌豆、蚕豆。成虫白天活动，吸食花蜜，对甜汁有较强的趋性。卵散产。幼虫孵化后即潜食叶肉，出现曲折的隧道。

3. 豆荚螟

（1）荚螟俗名豆蛀虫、红虫、红瓣虫。国内广泛分布，以华东、华中、华南受害最重。主要为害大豆、菜豆、扁豆、豇豆、豌豆等豆类的豆荚和种子。

（2）田间识别　以幼虫蛀荚为害。幼虫孵化后在豆荚上结一白色薄丝茧，从茧下蛀入荚内取食豆粒，造成瘪荚、空荚，降低产量和影响种子的质量。成虫体长 10～12 毫米，翅展 20～24 毫米，体灰褐色或暗黄褐色。前翅狭长，沿前缘有一条白色纵带，近翅基 1/3 处有一条金黄色宽横带。后翅黄白色，沿外缘褐色。幼虫共 5 龄，老熟幼虫体长 14～18 毫米，初孵幼虫为淡黄色，以后为灰绿直至紫红色。4～5 龄幼虫在背板前缘中央有“八”字形黑斑，另有 4 块黑斑。老熟幼虫背线、亚背线、气门线及气门下线均明显。

（3）发生规律　从北到南一年发生 2～8 代。各地主要以老熟幼虫在寄主植物附近土表下 5～6 厘米处结茧越冬。在长江流域及河南等省 4～5 代区，越冬代幼虫在 4 月上、中旬化蛹，4 月下旬到 5 月中旬陆续羽化出土。越冬代成虫在豌豆、绿豆或冬季豆科绿肥作物上产卵发育为害。成虫昼伏夜出，趋光性弱。大豆结荚前卵多产于幼嫩的叶柄、花柄、嫩芽或嫩叶背面，结荚后多产在豆荚上，有毛品种的豆荚上产卵尤多。幼虫孵化后为害叶柄、嫩茎、蛀入荚内取食豆粒，食尽后转荚为害。转荚为害时，入孔处有丝囊，但离荚孔无丝囊，末龄幼虫离荚入土作茧化蛹，茧外粘有土粒。

4. 豆野螟

（1）豆野螟又称豇豆荚螟，豆荚野螟、大豆卷叶螟，俗称大豆钻心虫。全国各地均有发生，是豆科蔬菜的主要害虫。主要为害豇豆、菜豆、扁豆、四季豆、豌豆、蚕豆、大豆（毛豆）等。

（2）田间识别　幼虫蛀食花蕾，造成落花落蕾，蛀食幼荚，造成落荚，蛀食后期豆荚，造成蛀孔，并有绿色粪便，严重影响品质和产量。此外，幼虫还为害叶片和嫩茎，为害叶片时，吐丝缀卷几张叶片，在内蚕食叶肉，只留下叶脉。成虫：体长约13毫米，体暗黄褐色，前翅黄褐色，有一大二小白色透明斑点，后翅外缘暗褐色宽带，其余为白色，半透明，有若干波纹斑。老熟幼虫体长12～18毫米，体黄绿色，腹部各节背面有4个黑色大毛片，排成方形。

（3）发生规律　在华北地区1年发生3～4代，华中地区1年发生4～5代，在广西、福建1年发生6～7代，在广州1年发生9代。以老熟幼虫或蛹在土表或浅土层内越冬，在广州无明显越冬现象。成虫昼伏夜出，有趋光性。卵散产在嫩荚、花蕾、叶柄上。初孵幼虫蛀入嫩荚，或蛀入花蕾取食，3龄后的幼虫大多蛀入果荚内取食豆粒。幼虫老熟后常在叶背主脉两侧吐丝结茧化蛹。豆野螟喜高温高湿。7～8月多雨、土壤湿度大时，成虫羽化和出土顺利，则会大发生。

5. 美洲斑潜蝇

（1）美洲斑潜蝇又称蔬菜斑潜蝇、美洲甜瓜斑潜蝇、苜蓿斑潜蝇，是世界上最危险的一类检疫性害虫。1994年在我国的海南、广东等省首先发现了美洲斑潜蝇的危害，到1996年疫情已扩展到21个省、市、自治区。

（2）田间识别　美洲斑潜蝇主要以幼虫潜食寄主叶肉，潜道最初呈“针尖状”，虫道终端明显变宽，隧道两侧边缘具有交替平行排列的黑色粪便，后形成湿黑和干褐区域的蛇形或不规则的白色潜道，俗称“鬼画符”。为害严重时，叶片组织几乎全部受害，叶片上布满潜道，甚至枯萎死亡。成虫产卵也造成伤斑。虫体的活动还传播多种病毒病。成虫：体长1.3～2.3毫米，翅展1.3～2.3毫米。体淡灰色，头部的外顶鬃着生在黑色区域，内顶鬃着生在黄色区域；胸部的前盾片亮黑色，小盾片鲜黄色。翅1对，后翅退化为平衡棍。雌虫较雄虫体稍大。幼虫：老熟幼虫体长约3.0毫米，无头蛆状。初孵幼虫无色。到2～3龄变成鲜黄色和浅橙黄色。腹部末端有一对圆锥形的后气门，在气门顶端有3个球状突起的后气门孔。

（3）发生规律　一年发生的代数随地区而不同，在广东一年发生5～15代，完成一代约需要15～30天。可周年繁殖，世代重叠明显，种群发生高峰期和衰退期极为明显。以春季和秋季为害较重。成虫大部分在上午羽化，雄虫比雌虫羽化早。成虫羽化24小时后即可交配产卵。成虫白天活动，可吸食花蜜。雌虫刺伤寄主植物叶，作为取食和产卵的场所。取食造成的叶片伤孔中，约有15%含有活卵。雌虫产卵呈纵向，稍微深入于叶片表皮下，或于裂缝内，有时也产于叶柄内。幼虫孵化后即潜食叶肉，出现曲折的隧道。末龄幼虫在化蛹前将叶片蛀成窟窿，致使叶片大量脱落。30℃以上未成熟幼虫死亡率迅速上升。幼虫共3龄，幼虫成熟后在破叶片表皮外或土壤表层化蛹。主要靠卵和幼虫随寄主植物叶片、果实，以及蛹随盆栽植物的土壤、交通工具等进行远距离传播。

6. 苜蓿蚜

（1）为害豆类蔬菜的蚜虫种类很多，除苜蓿蚜外，还有菜蚜、桃蚜、大豆蚜、豌豆蚜、瓜蚜等多种。均吸取汁液，还传播病毒病。其形态特征和为害基本相似，这里以苜蓿蚜为例加以说明。苜蓿蚜又称花生蚜，我国各地均有分布。可为害多种豆科蔬菜和杂草。

（2）田间识别　成虫和若蚜群集寄主的嫩梢、嫩茎、花序吸食汁液，造成植物萎缩，形成龙头状。它分泌的蜜露可诱发煤污病，妨碍植物生长发育。有翅胎生雌蚜：体长1.5～1.8毫米，长卵形，黑绿色，腹部各节背中有不规则形横条。无翅胎生雌蚜：体较肥大，黑色有光泽，外覆很薄的蜡粉，腹背膨大隆起，节间分界不明显。

（3）生活习性　一年发生20余代，在南方可周年繁殖，在北方以无翅成虫、若蚜在秋播的蚕豆、豌豆上，以及背风向阳的山坡、沟边野菜的心叶、根茎处越冬，少数以卵越冬。翌年春先在越冬寄主上为害和繁殖，产生有翅蚜后再迁飞扩散。

7. 地老虎

（1）地老虎属地下害虫。在我国为害严重的地老虎有小地老虎、黄地老虎和大地老虎。以小地老虎发生普遍。黄地老虎主要在东北地区发生为害。

（2）田间识别　主要以幼虫为害豆类幼苗。为害时，切断豆类幼苗近地面的茎，造成缺苗断垄，严重时甚至毁种。以春季为害严重，有些地方秋季亦能为害。成虫：体长16～23毫米，翅展42～54毫米。触角深黄褐色，头、胸褐色，前翅、前缘及外横线间呈黑褐色，内横线、外横线均为双线黑色，波浪形。在内横线和外横线之间有明显肾状纹、剑状纹，各纹均环以黑边。后翅灰白色，翅脉及边缘呈黑褐色，腹部灰色。幼虫：老熟幼虫体长37～47毫米。头黄褐色，体灰褐色，背面有淡色纵带。体表皮粗糙，布满圆形黑色小颗粒。腹部1～8节背面各有2对毛片，呈梯形排列，且前面1对小臀板黄褐色，有2条黑褐色纵带。

（3）发生规律　小地老虎在全国各地每年发生2～7代不等。长江两岸为4～5代，长江以南6～7代。南岭以南可终年繁殖。成虫白天隐蔽，夜间活动。对光及糖、醋、酒等物质趋性较强。幼虫共6龄，3龄虫于叶背或心叶里昼夜取食而不入土，因食量小为害不大。3龄以后，白天潜伏在2～3厘米的表土中，夜间活动，并大量迁入农田垄间，咬断幼苗，并将断苗拖入穴中。老熟幼虫有假死习性，受惊后缩成环形。小地老虎喜温暖、潮湿的环境，月平均气温在13.2～24.8℃、多雨湿润的地区发生量大。若田间管理粗放，杂草多，定植期与3龄以上幼虫发生期吻合，受害重。

8. 朱砂叶螨

（1）为害豆类蔬菜的螨类很多，有截形叶螨、二斑叶螨、侧多食跗线螨。此处以朱砂叶螨为例。朱砂叶螨在我国各地均有分布，主要为害茄果类、瓜类、豆类等多种蔬菜。

（2）田间识别　成螨、若螨在叶背面吸收植物汁液，并吐丝结网，受害处出现灰白小点，或全部褪绿。老叶先受害，逐渐向上蔓延，最后在植株顶端吐丝结团。严重时叶片呈锈褐色、枯焦、脱落、植株早衰。雌成螨体长约 0.5 毫米，椭圆形，红褐色，体两侧各有 1 块黑斑。足 4 对。雄螨体长约 0.4 毫米，菱形，红色或淡红色。幼螨体长约 0.15 毫米，近圆形，透明，3 对足。若螨体长约 0.2 毫米，体色较深，有明显块状色斑。

（3）发生规律　1 年发生 12～15 代，以雌成螨在植株枯叶、枯杆、杂草根部、贴土缝里、树裂缝内越冬，第二年春从越冬场所恢复活动，并转移到春季作物上为害、繁殖，开始是点、片发生，随繁殖量增加，逐渐扩散到全田。在北方以 7～9 月发生严重。

（四）菜豆绿色防控技术

1. 农业防治

（1）选用抗病高产品种　选用红花白荚和红花青荚等抗病性好、产量高的品种。

（2）选用无病种子或播前进行种子处理　一是选用无病斑、外表光滑、籽粒饱满的种子，二是用 45～55℃温水浸种 15～20 分钟，可防治病毒病、角斑病和炭疽病；用种子重量 0.4％的 50％多菌灵 WP 拌种，可防治根腐病、枯萎病、炭疽病和锈病。

（3）对旧架材消毒　实行2年以上轮作，使用旧架材要用硫黄熏蒸消毒，或用等量50%多菌灵、30%溴菌·咪鲜胺WP混合后进行旧架材杀菌。

（4）加强种植管理　一是增施腐熟有机肥，注重磷钾肥和微量元素肥料的施用，保证植株健壮生长，提高抗病力；二是在低洼地田块要进行深沟高垄栽培，搞好排渍降湿工作；三是合理种植密度，避免过密植株徒长，及时插架引蔓，防止植株倒伏；四是及时清洁田园，清除病残株、落花、落荚，摘除被害的卷叶和豆荚，并带出田外集中销毁；五是适时冬耕晒垄消灭越冬虫源。

2. 物理防治

用太阳能杀虫灯或频振式杀虫灯诱杀豆荚螟等成虫，灯距地面高度1.7～2米，四季豆出苗后开灯；用黄板诱杀蚜虫、斑潜蝇等害虫，出苗至收获前，每667平方米挂黄板20～25张，黄板挂于架高2/3处，沾满后及时更换黄板。

3. 生物防治

用0.3%苦参碱AS200倍液防治豆蚜和豆荚螟，0.3%印楝素EC1000～1500倍液防治豆蚜和豆荚螟，0.65%茴蒿素AS200～300倍液防治豆蚜，6%春雷霉素WP800～1000倍液防治炭疽病、枯萎病，2%农抗120AS或2%武夷菌素AS200倍液防治炭疽病、枯萎病，10%宁南霉素WP500倍液防治锈病，1000亿个/克枯草孢杆菌WP1000倍液防治根腐病和枯萎病。

4. 化学防治

（1）灰霉病　发病前喷施70%烯酰·嘧菌酯水分散粒剂1500倍液或绿亨64%噁霜·锰锌700倍液喷雾可进行预防；发病初期喷施50%速克灵可湿性粉剂1000倍液、50%异菌脲（扑海因）可湿性粉剂1200倍液，每隔7天喷1次，连喷2～3次。棚室栽培可用10%速克灵烟剂250克/667平方米或45%百菌清烟剂250克/667平方米夜间熏烟，效果较好。

（2）疫病　可用70%可杀得可湿性粉剂400倍液、30%氧氯化铜悬浮剂800倍苗期喷1次，开花结荚期喷2～3次进行预防；发病初期用58%雷多米尔锰锌可溶性粉剂600倍液、72.2%普力克水剂800倍液，每7天喷1次，连续2～3次，效果较好。

（3）根腐病　发病初期可用50%氯溴异氰尿酸SPX1000倍液、50%的多菌灵WP600倍液、54.5%恶霉·福WP500倍液、根腐宁800倍液和绿亨1号3000倍液淋根。隔10天1次，连续防治2～3次。

（4）枯萎病　发病初期喷淋50%的多菌灵WP500倍液、20%甲基立枯磷EC1000倍液、3%恶霉灵·甲霜AS800倍液、99%恶霉灵可湿性粉剂3000～5000倍液、0.5%氨基寡糖素AS500倍液。隔7～10天1次，连续防治2～3次。

（5）炭疽病　发病初期用75%的百菌清WP600倍液，80%炭疽福美WP500倍液，45%咪鲜胺EC1500倍液、30%溴菌·咪鲜胺WP1000倍液、80%炭疽·福美

WP800 倍液、25%溴菌腈 WP500 倍液喷雾，并严格掌握喷药后的采收安全间隔期。

（6）豆荚螟　防治豆荚螟最重要的是做到“治花不治荚”“生长花和落地花”同治，要抓紧在花期（即幼龄虫期）施药，并掌握在上午 9 时前或傍晚喷药。可选用 2.5%甲维·氟啶脲 EC1000 倍液、1%甲氨基阿维菌素苯甲酸盐 EC2000～3000 倍液、2.3%氰氟虫腙 SC1000 倍液喷雾防治。

（7）豆蚜　可选用 10%吡虫啉 WP1500～2000 倍液、25%噻虫嗪 WP1000 倍液喷雾防治。

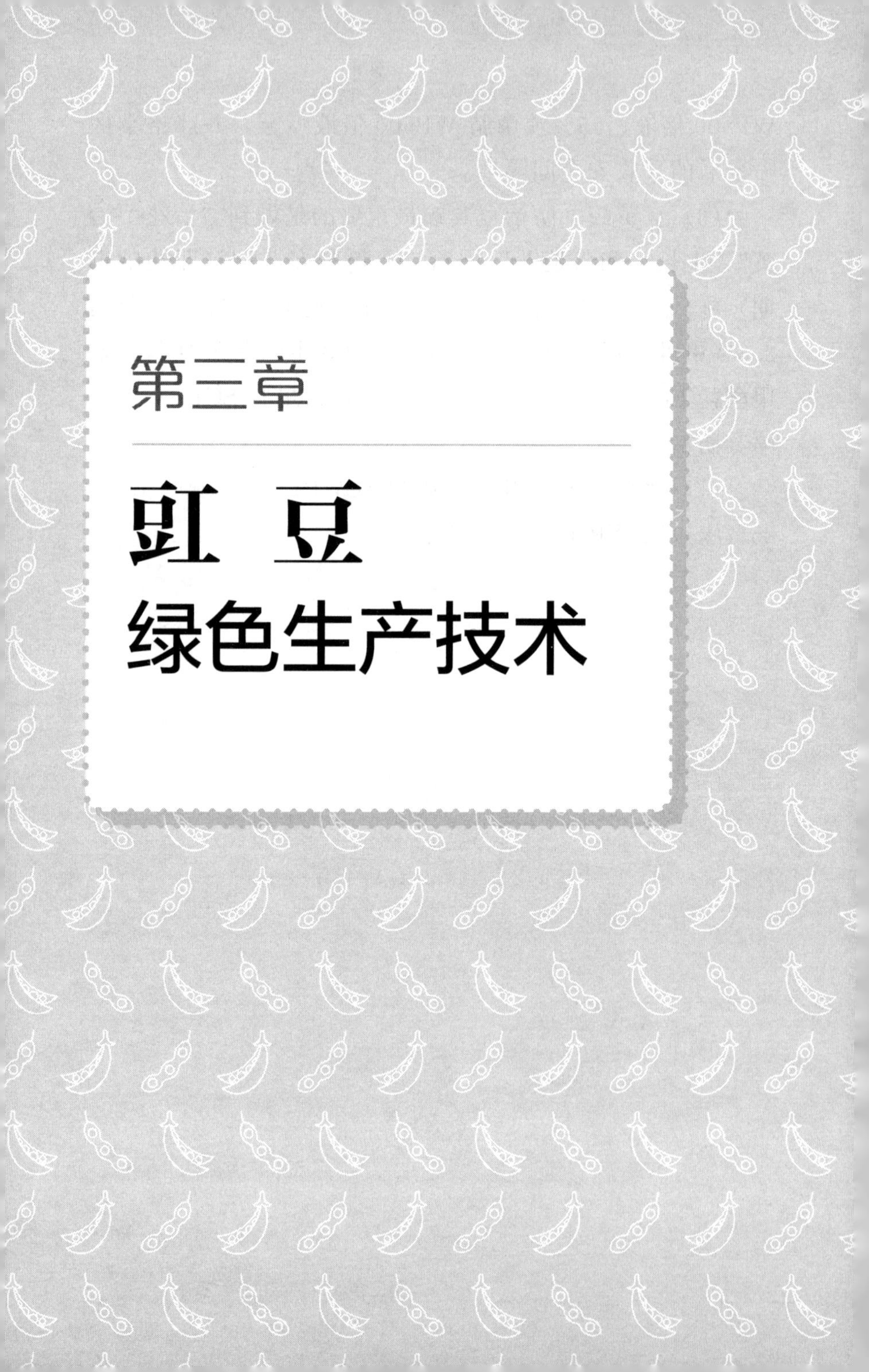

第三章

豇 豆
绿色生产技术

豇豆又名豆角、带豆。原产亚洲中南部，也包括中国、东南亚和印度等地。我国自古就有栽培，以南方各省、市栽培较多。豇豆营养价值高，豇豆的鲜豆荚含有丰富的胡萝卜素，在干物质中蛋白质含量约为2.7%、糖类为4.2%，此外亦含有少量维生素B族及维生素C。豇豆可炒食凉拌或腌泡，老熟豆粒可作粮用，是夏、秋主要蔬菜之一，对蔬菜的周年供应，特别是7～9月蔬菜淡季供应有重要作用。

一、豇豆对外界环境条件的要求

（一）温度

豇豆是耐热性蔬菜，能耐高温，不耐霜冻。在25～35℃的温度，种子发芽较快，而以在35℃时发芽率和发芽势最好，在20℃以下发芽缓慢，发芽率降低，在15℃的较低温度时发芽势和发芽率都差。对于豇豆种子播种后的出土成苗则以30～35℃时为快，抽蔓以后在20～25℃的气温生长良好，35℃左右的高温仍能生长结荚，15℃左右生长缓慢，在10℃以下时间较长则生长受到抑制。在接近0℃时，植株冻死。

（二）光照

豇豆属于短日照作物，但不少品种对日照长短的要求并不严格，不论在日照渐长的初夏或渐短的深秋均能开花结荚，表现为中光性。一般来说矮生种较蔓生种对日照长短的反应稍微敏感一些。豇豆喜阳光，在开花结荚期间需要良好日照，如光线不足，会引起落花落荚。

（三）水分和营养

豇豆根系发达，吸水力强，叶面蒸腾量小，所以比较耐旱。种子发芽期和幼苗期不宜过多水分，以免降低发芽率，或使幼苗徒长，甚至烂根死苗。开花结荚期要求有适当的空气湿度和土壤湿度，土壤水分过多易引起落花落荚。豇豆结荚时需要大量的营养物质，且其根瘤又不及其他豆科植物发达，因此必须供给一定数量氮肥，但也不能偏施氮肥。增施磷肥，可以促进根瘤菌活动，根瘤较多，豆荚充实，产量增加。

（四）土壤

适宜豇豆生长的土壤范围较广，但以肥沃的壤土或沙质壤土为好，不宜选用黏重和低湿的土壤。对于土壤酸碱度的反应，pH 以 6.2～7 为宜，即适于中性或微酸性土壤，土壤酸性过强，会抑制根瘤菌的生长，也会影响植株的生长发育。

二、豇豆的类型和品种

（一）豇豆的类型

豇豆有长荚豇豆、普通豇豆、短荚豇豆 3 个类型。其中长荚豇豆即菜用豇豆，它又有蔓生、半蔓生、矮生 3 个类型。蔓生种茎蔓长，花序腋生，叶腋分生侧蔓，需立支架，生长期较长，丰产性及品质均较好。矮生种茎矮小，直立，分枝多而呈丛生状，不设支架，成熟较早，生长期较短。半蔓生种生长习性似蔓生种，但蔓较短，栽培上以蔓生种为生，它又可分青荚种、白荚种和红荚种。

（二）豇豆的品种

1. 蔓生种

菜用豇豆多属蔓性长豇豆。我国栽培的优良品种有：

（1）之豇 28-2　浙江省农业科学院园艺研究所以“红嘴燕×杭州青皮”杂交，系统选育而成。早熟、丰产，抗花叶病，适应性强。株高 2.5～3.0 米，生长势强，叶形小，适于密植。主蔓第四至第五节始花，第七节以上连续着生花序，结果集中。荚长 65～75 厘米，淡绿色，肉厚，品质好，种子紫红色。对日照要求不严，春、秋两季均可栽培。

（2）之豇 14　浙江省农业科学院园艺研究所育成。植株蔓生，蔓长约 250～300 厘米，植株生长势中等，分枝性中等，适于密植。嫩荚浅绿色，长 68～70 厘米，长圆条形，单荚重 23～29 克。嫩荚纤维少，肉质嫩，品质佳，采收后期不易出现鼓粒和鼠尾现象。种子长肾形，紫红色。极早熟，亩产量 1200 千克左右。

（3）之豇特早 30　浙江省农业科学院园艺研究所育成。植株蔓生长势偏弱，叶片小，分枝少，以主蔓结荚为主。初花节位低，基部 5 节以下的有效果枝数平均达 1.75 个，比之豇 28-2 的 0.84 个增加 108%，春播至始收

50天，比之豇28-2提前2～3天，之豇特早30平均产量和早期产量分别为每亩1200千克和480千克，分别比对照之豇28-2增加10.4％和64.6％。荚色嫩绿，荚长60厘米，条荚匀称，商品性好。种子红色，千粒重120克左右，苗期抗病毒病，较抗疫病，但不抗煤霉病和锈病。

（4）之青3号　浙江省农业科学院园艺研究所选育。该品种蔓生，无限生长型，分枝较少，叶较大，叶色深绿，花蕾、豆荚均为绿色，荚长60厘米，单荚重25克左右，初花节位在第三至第四节，种子肾形，紫红色，千粒重150克。春季露地栽培播种至始收25～40天，10～12天后采收。每亩产量可达1700多千克。品质优良，炒食较糯。田间病毒病、煤霉病抗性强于之豇28-2。

（5）宁豇1号　南京市蔬菜种子站等单位选育。植株蔓性，生长势强，分枝5个左右，茎蔓和叶色为绿色，节间距13.6厘米，花苞绿白色，主侧蔓同时结荚，始花节位主蔓第二至第五节，侧蔓第一节，成序性好，在适宜环境下可出现一个叶腑有两个花序和一序多荚现象。最高一序达6荚，嫩荚绿白色，长60厘米左右，种子17粒左右，红色。该品种早熟。播种后春季55～60天上市，夏秋季35～45天上市。春季每亩产量2000千克左右。夏季每亩产量1200千克左右，秋季每亩产量达1700千克左右。该品种不耐热，缺肥易早衰，苗无黄化现象，抗病毒病，不抗锈病和煤霉病。

（6）宁豇3号　南京市蔬菜种子站等单位选育。植株蔓性，蔓长可达3米以上，始花节位在第二至第三节，单荚长达70厘米，最长的达115厘米，粗0.8～1.0厘米，单荚重一般30克左右。嫩荚开花后11天即可采收，每花序结荚数2～3个，单株结荚数18.4个。嫩荚耐老。每亩产量可达1500千克左右。耐热，耐旱，耐湿，抗逆性强。适应性广。可用春季早熟栽培、夏秋栽培、延秋栽培及保护地栽培。

（7）扬豇40　江苏省扬州市蔬菜研究所育成。扬豇40生长势强，主蔓长3.5米左右，在主蔓的中上部有1～2个分枝，主侧蔓均能结荚，主蔓第七至第八节开花坐果，比之豇28-2迟开花2～3天，平均单株主蔓能挂20荚，侧蔓挂20荚，平均荚长60厘米，荚色浅绿色，每荚有籽粒19～21粒，千粒重为142克。一般春播出苗至终收期90天，采荚天数35天。春播每亩产量1600千克。夏播产量1200千克以上。抗锈病和煤霉病的能力较之豇28-2强。

（8）鄂豇1号　湖北省农业科学院蔬菜研究室育成。植株蔓生，生长势强，蔓长3～5米，有分枝2～3个，叶片较大，深绿色。第一花节位春季2～4节，秋季4～6节，花冠紫色略带蓝色，多“回头节”，结荚期较长，生育期100～110天。嫩荚绿白色，成熟荚银白色，荚粗1～1.2厘米，荚长65～80厘米，单荚种子17～23粒，种子千粒重178克。每亩产量为2100千克左右。

（9）4-1豇豆　湖北省黄石市蔬菜科学研究所育成的豇豆新品种。生长势旺，株高260～320厘米，26～30

节，第一花序着生于第三至第五节，分枝 2～3 条，茎常带紫红色，花为紫红色，每穗有花 4～6 朵。果荚青绿色，匀称，单株结荚数为 23.9 条，荚长 66.0～71.5 厘米，每荚有种子 20 粒，单荚重 14.9～16.3 克，荚缝、荚尖呈现紫红色，鲜荚肉厚，含纤维量低，耐贮运，不易老化。种子肾形，棕红色，千粒重为 125 克。早熟，较抗病毒病、疫病，较耐煤霉病。耐热性较好，光敏性不强，适合春、夏、秋多季栽培，每亩产量可达 1500 千克以上。

（10）春秋红紫皮长豇豆　武汉市蔬菜科学研究所育成。植株蔓长，株高 3 米左右，开展度 45～50 厘米，长势强，主蔓第六至第七节着生第一花序，花淡蓝紫色，序成性强，每花序结荚 2～3 条。商品荚紫红色，长圆条形，荚长 50～60 厘米以上。早、中熟，播后 60 天始收，长势旺，耐热，对花叶病毒抗性强，耐涝，适应性广。豆荚纤维少，质脆，品质优，丰产性好，适宜春、秋两季栽培。单荚含种子 18～21 粒，老熟种子红褐色，有条纹，肾形，千粒重 150 克。每亩产量 1500～2000 千克。

（11）湘豇 1 号　长沙市蔬菜研究所育成。植株蔓生，2～4 个分枝，叶深绿色。第一花序节位为第二至第四节，每一花序结荚 2～4 根。主、侧枝都能开花结荚，花淡紫色，豆荚浅绿色，荚长约 57.5 厘米，横径约 1 厘米，单荚重约 14 克，单荚种子数 19 粒。种子肾形，红褐色，千粒重 150 克。早熟，春、夏、秋三季均可栽培。春季栽培，全生育期 95～115 天，播种至始收 60～70 天。每亩产量 2500 千克。田间表现较抗煤霉病和根腐病。

（12）湘豇4号　湖南省农业科学院蔬菜研究所选育的中熟偏早豇豆品种。植株生长势强，蔓长3.8米，主蔓第三至第五节开始结荚，具1～2个分枝，豆荚长且较粗，淡绿色。单株成荚数23～33条，平均荚长69厘米，单荚重量28～32克，豆荚均匀，肉质脆嫩，品质佳。田间表现抗性较好。耐热、耐寒、耐旱，较抗豇豆锈病、煤霉病和褐斑病，抗虫性和耐涝性一般。每亩产量2800多千克。定植到采收需60天，可在湖南省各地种植。

2. 矮生豇豆

（1）美国无架豇豆　美国无架豇豆是豇豆的一个变种，1985年从美国传入我国。无架豇豆茎短粗，长20～25厘米，节间密，基部着生3～5个侧枝，各侧枝长出3～4条花梗，梗长40厘米左右，粗壮直立富弹性，抗风力强，不需支撑。梗尖离地面50～60厘米（即整个植株的高度）。花梗顶部的3～4厘米范围内从下至上陆续着生花蕾。豆荚重20～30克，荚长40厘米左右，着粒密，灰白色。无架豇豆从播种至始收需55天左右，春播者结荚期达2～3个月，夏、秋种植则结荚期为1～2个月。适应性广，抗逆性强，较抗锈病和叶斑病。一般亩产鲜荚1800千克左右。

（2）早矮青　早矮青是吉林省长春市郊区铁北园艺场以美国无架豇豆为材料选育而成。植株浓绿色，生长势强，株高60厘米。主蔓第二至第四节有1～3个分枝，第一花序在主蔓第四至第五节，花淡紫色，单株结荚10～14条。嫩荚浓绿色，荚长40～45厘米。肉较厚，品质好。老熟荚长 50～58 厘米，有种子 13～18 粒，种子紫红色，肾形。早熟，从播种至采收 65 天，每亩产量 1800 千克左右。抗病毒病，较抗锈病。

三、豇豆的栽培季节与绿色生产技术要点

（一）豇豆的栽培季节

1. 露地栽培

豇豆生产季节长，选用适当品种，从春至秋都可播种，但一般以春播夏收为主，也有夏播秋收的。北方寒冷地区则行夏播秋收，华南也可秋播。

（1）春豇豆栽培　它是豇豆的主要栽培季节（可称正季栽培）。华北和长江流域播种早的春季在保护地播种育苗，播种晚的在终霜后直播，夏季陆续收获。华南春、夏播种，供应期半年以上。

（2）秋豇豆栽培　它属破季栽培，可延长供应时间，除大中城市外栽培者较少。华北和长江流域多在夏季 6 月播种，8～9 月收获。

2. 保护地栽培

豇豆保护地栽培，主要为春早熟栽培（春提早栽培）。利用地膜覆盖，即可早播、早收。近年江淮地区，利用各种保护设施，都有明显效果，播种、收获比当地露地种植提前 20～40 天。保护地栽培，一般利用大棚，在 2 月播种，3 月定植，4 月中、下旬可开始收获。如利用温室或小拱棚，播种期即相应提早或推后。

（二）春露地豇豆绿色生产技术要点

1. 整地，施基肥

豇豆不宜连作，最好选择三年不种豆类作物的田块种植，豇豆地应产行早耕深翻，做到精细整地，以提高土壤保水保肥能力，改良土壤肥力。豇豆的根瘤菌不很发达，加上植株生长初期根瘤菌固氮能力较弱，为了促进前期生长发育，应施用充足的有机肥料作基肥，增施磷肥对豇豆有明显的增产效果。每亩基肥用量：有机肥料 5000 千克以上，过磷酸钙 25～30 千克，草木灰 50～75 千克或硫酸钾 10～20 千克，深耕前施入迟效性肥料。栽植前整地筑高厢，厢宽连沟 1.3 米，沟深 25～30 厘米。

2. 培育壮苗

春豇豆特别是早春豇豆直播后，气温低，发芽慢，遇低温阴雨，种子容易发霉烂种，成苗差。故以育苗为宜，育苗还可以提早和延长采收时期。早春豇豆可采用冷床或营养盘育苗。种子精选后，播于苗盘上，育苗盘内装园土、锯木屑与棉籽壳等疏松物，每 3 粒种子播一起，距离 3～4 厘米，播种前浇透水，播后盖一层土，将育苗排成一排，用竹片拱小棚，上盖塑料薄膜，出土以后至移植前，膜内温度保持 20℃左右，最低不低于 5℃，经常保持湿润，避免过湿徒长。平时需要通风，也要注意定时换气，这样，幼苗生长整齐健壮，移植后生长旺盛。

3. 定植

苗床育苗一般于第一复叶开展前定植，定植应选择晴天进行，一般育苗的挖穴栽植，要尽量多带泥土。容器育苗的开穴或开沟栽植，深度以钵（块）不高出地面为宜，摆好苗坨后浇水，待水渗下后覆土平穴。注意不要碎坨散土。

4. 田间管理

（1）追肥　豇豆在开花结荚之前，对肥水要求不高，如肥水过多，蔓叶生长旺盛，开花结荚节位升高，花序数目减少，侧芽萌发，形成中、下部空蔓。因此前期宜控制肥水抑制生长，当植株开花结荚以后，就要增加肥水，促进生长，多开花，多结荚。豆荚盛收开始，需要更多肥水时，如脱肥脱水，就会落花落荚。因此要连续追肥，促进翻花，延长采收，提高产量。追肥用量每亩约为优质有机肥 1000 千克、尿素 3 千克、过磷酸钙 15 千克、氯化钾 7 千克，在 7 月上旬时施入，至收获结束。

（2）搭架整枝　植株开始牵蔓时立支架，将蔓牵至人字架上，茎蔓上架后捆绑 1～2 次，当植株基部侧芽长至 10 厘米左右时，全部摘除，植株中部侧枝长至 3～4 节时，留 2 节摘心；植株长至支架顶端时摘掉，上部侧枝长出也留 2 节摘心。

5. 采收留种

在嫩豆荚已发育饱满，种子刚刚显露时采收。豇豆每花序有花芽 2 个以上，起初开花 2 朵、结 2 荚果，以后的花芽还可以开花结荚，故采收时不宜伤剩下的花芽，以利结荚，可留 1 厘米左右的果荚采收，勿伤其基部的花芽，在采收后期再追一次肥，可使这些花芽开花结荚，可多采收 4～5 次。豇豆留种应选无病的植株基部和中部的豆荚，花序成对、结荚整齐，豆荚具本品种性状的留种，种株要及时摘心，待种荚转黄、松软时采收。

（三）秋露地豇豆绿色生产技术要点

（1）秋豇豆应选抗热性较强的早、中熟品种，如红嘴燕和白露豇。

（2）秋豇豆栽培应选凉爽之地，做成深沟高厢，以利排水。

（3）选择适宜的播种期。夏播的红嘴燕，50～60 天可开始采收。在重庆地区，播种期可从 5 月中、下旬至 6 月底排开播种，在此范围内，早播的产量高。成都地区秋豇豆适宜的播种期为“夏至”前后，在“秋分”前后收获。

（4）秋豇豆可以不必育苗，采用直播。株行距可较春播者密，如果土壤干燥，应先浇水后播种，以利发芽。播种后要用谷壳、稻草等覆盖，保持土壤湿润，出苗后立即去掉稻草等覆盖物，以免植株徒长，若缺苗应立即补苗。

（5）秋豇豆生长前期正遇高温，土壤较干旱，应注意灌溉，保持土壤湿润。若雨水过多，则应注意排出土壤积水。秋豇豆常发生锈病，应注意防治。

（四）春季地膜覆盖豇豆绿色生产技术要点

豇豆对光照和温度的要求较菜豆高，故地膜覆盖栽培的效果比菜豆好，在北方豇豆覆盖地膜可比露地栽培提早采收10天，前期产量增加50%以上，总产提高20%以上，值得大力推广。其主要栽培技术如下：

1. 整地及盖膜

地膜覆盖一般是全生育期覆盖，不进行中耕，故必须精细整地。前作收后及时耕翻、耙地，耕层深度为15～20厘米，土壤做到细碎、疏松，无残茬和大土块。结合耕翻整地，每亩施入腐熟农家肥1500～2000千克、草木灰50～100千克。整平耙细，然后做小高畦。畦南北向延长，畦高10～15厘米、宽75厘米，畦沟宽40厘米。做畦后立即在畦上覆盖地膜，以免水分损耗，薄膜要紧贴土面，拉紧、铺平、盖严。薄膜四周都要压土。地膜宜在定植前15天左右铺好，以利增温保墒。

2. 育苗和定植

利用日光温室或大棚多层覆盖提前培育壮苗，是实现豇豆早熟高产的重要措施。由于豇豆根系再生能力弱，故宜用营养土块、营养钵育苗。适宜的苗龄为20～25天，以第一复叶初现时定植为好。一般在晚霜过后选晴天在畦上按60厘米×15厘米或60厘米×20厘米挖穴，将苗子放入穴内，浇底水后栽苗，用土封严，压住地膜，并使其略高于地面。

3. 田间管理

春季豇豆的地膜覆盖栽培与菜豆的地膜覆盖栽培大体相同。在合理施肥灌水的基础上，做好植株调整是丰产的关键。豇豆抽生茎蔓很快，当植株具有5～6片叶时，就要及时搭架、引蔓，并进行整枝，以促进早熟、早收。调节营养生长和垂死生长平衡发展，对第一花序以下的侧蔓尽早除去。由于盖膜后植株生长较旺，上部侧蔓摘心不要过重，以便增加坐荚数量。主蔓伸长达架顶时摘心，促进侧蔓生长。

豇豆的地膜覆盖栽培在开花结荚前适当控水，也不追肥，轻度蹲苗。坐荚后才适当灌水，保持土壤湿润。采收中后期根据植株生长情况进行追肥灌水。

（五）胶东地区日光温室豇豆早春茬绿色栽培技术

豇豆在胶东地区进行春露地或地膜覆盖栽培，一般在4月下旬至5月上旬播种或大田定植，最早6月底或7月初采收，上市期晚，采收期不长，经济效益一般较低。利用日光温室进行早春茬栽培，可将播种期提前到2月中、下旬，在温室内度过生长前期的低温，使豇豆生长发育提前，5月初开始采收，提前50天左右上市，前期产量较露地或地膜覆盖栽培高2～3倍，经济效益十分可观。

1. 育苗

豇豆一般采用直播，但在温室内进行早春栽培，为了提高温室的利用率，延长上茬蔬菜作物生长期，并且提早上市，宜采用集中育苗。①育苗床土的配制：选择连续多年未种过豆类作物的肥沃园土和充分腐熟的优质厩肥作为床土原料，按土肥比2∶1的比例配制。每立方米床土外加90%敌百虫晶体60克，75%福美双可湿性粉剂80克，土、肥、药充分混匀后过筛备用。②苗床准备：将配制好的床土装入10厘米×10厘米的营养钵内，苗床造成小高畦，畦长10～15米、宽1.2米、高10厘米。将畦耧平踏实，上面排放装好营养土的营养钵，钵间空隙用土塞满，苗床边缘的营养钵周围用土覆盖，以利于保持湿度。钵内浇透水以备播种。③品种选择：日光温室进行豇豆早春茬栽培，应选择适宜当地消费习惯的早熟品种，栽培较普遍的品种有之豇28-2、洛豇99、成豇一号、成豇三号、I2820等。这些品种优质，抗逆性较强，前期产量高，熟性早，特别适合作早熟栽培。④种子处理。晒种：晒种一般在温室内进行，播种前选择晴天晒种2～3天，温度不宜过高，应掌握在25～35℃，注意摊晒均匀。浸种：用农用链霉素500倍液浸种4～6小时，防治细菌性疫病，然后用冷水浸4～6小时，稍晾后即可播种。枯萎病和炭疽病发生较重的地块可用种子质量0.5%的50%多菌灵可湿性粉剂拌种防治。⑤播种：将浸泡后的种子点播于营养钵中，每钵3～4粒。播后覆盖2～3厘米干细土，土上覆盖地膜，增温保湿。苗床上架竹拱，拱上加薄膜。当有30%种子出土后，及时揭去地膜。具体苗期温度管理：播种至出土白天25～30℃，夜间14～16℃，最低夜温10℃；出土后白天20～25℃，夜间12～14℃，最低夜温8℃；定植前4～5天白天20～23℃，夜间10～12℃，最低夜温8℃。注意保持土壤湿润，经常通风换气，保证幼苗生长健壮。壮苗的标准：子叶完好，第一片复叶显露，无病虫害。

2. 定植前的准备

每亩施优质腐熟鸡粪3～5立方米、过磷酸钙50～

100千克、磷酸二铵20～30千克、硫酸钾20～30千克。新建日光温室可选择最大用量，3年以上日光温室可选择最小用量。以上肥料2/3铺施，1/3开沟时沟施。铺施肥料后，深翻土壤30厘米，然后耙细、整平。前茬作物为豆类蔬菜的旧温室，每亩可加施70%甲基托布津可湿性粉剂或64%杀毒矾可湿性粉剂1千克，兑细土撒匀或兑水喷洒地面，然后深翻、耙细、整平。按大行距80厘米、小行距50厘米、开15厘米深的沟并施肥，沟上起垄，垄高15～20厘米，准备定植。

3.定植

垄上按30～35厘米开穴，在定植穴中点施磷酸二氢钾，每穴5克，幼苗去掉营养钵，带坨放入穴中，然后浇水，水渗下后2～3小时封垄。封垄后小沟内浇水，以利于缓苗。一般每亩可定植3000～3700穴左右。

4.定植后的管理

（1）温度管理　定植后缓苗阶段要注意保温少通风，以提高温室内的温度，有利于缓苗，要求白天最高温度控制在28～30℃，晚上温度不低于18℃；待蔓叶开始正常生长后，晴天中午要揭膜放顶风；进入开花初期，随着外界气温的升高，应逐渐加大通风量，以免因温度过高引起徒长和落花。

（2）肥水管理　前期除定植后浇一次缓苗水外，要尽量控制肥水，尤其是氮肥的使用，防止植株只长蔓叶、不形成花序。植株基部出现花序开始追肥，当植株大部分出现花序时要施重肥，防止叶片发黄，引起落花、落荚，每亩追施氮、磷、钾三元复合肥 20～30 千克。以后每采收 2～3 次，需追肥 1 次。第一花穗开花坐荚时浇第一水，此后仍要控制浇水，防止徒长，促进花穗形成。当主蔓上约 2/3 花穗开花，再浇第二水，以后地面稍干即浇水，保持土壤湿润。

（3）植株调整　①吊蔓：当茎蔓抽出后开始吊蔓，每穴植株用一根尼龙绳，上端固定在温室的骨架或铁丝上，下端轻轻绑在植株茎基部，将茎蔓缠绕在绳上，并捆绑 3～4 道。也可插架引蔓，在两小行上扎“人”字架，将茎蔓牵至架上，茎蔓上架后捆绑 1～2 道。②打杈：豇豆每个叶腋处都有侧芽，每个侧芽都会长出一条侧蔓，不及时摘除会消耗养分，同时侧蔓过多，株间郁蔽，通风透光不好，必须进行打杈。打杈时将第一花序以下各节的侧芽全部打掉，但不宜过早，应在 6～9 厘米时打掉。但第一花序以上各节的侧芽应及时摘除，以促进花芽生长。③摘心：主蔓长到架顶时，应及时摘除顶芽，促使中上部的侧芽迅速生长，若肥水充足，植株生长旺盛时，可任其生长，让中上部子蔓横生，各子蔓每个节位都会着生花序而结荚，可进一步延长采收盛期。若植株生长较弱，子蔓长到 3～5 节后可摘心处理。④采收：在种子未明显膨大时采收，注意不要损伤花芽花序。

（六）大棚秋延后豇豆绿色生产技术要点

豇豆大棚秋延后栽培较黄瓜、番茄栽培容易，同时大棚豇豆对解决秋淡季调剂市场蔬菜花色品种有一定的作用，因而近年来发展较快。豇豆大棚秋延后栽培一般在7月上旬至8月上旬播种，8月中、下旬开始收获。秋茬豇豆生长期短，植株矮小，光照充足，应适当缩小株距，以增加株数。在豇豆开花结荚期气温开始下降，注意保温防寒，延长生长期。其主要栽培措施如下：

（1）生长上宜选用耐高温、抗病、丰产、耐贮运、适应性广的品种，如扬豇40、高产4号、杂交4号、之豇28-2、成豇1号、秋豇512等。

（2）华北地区多于7月下旬至8月上旬播种，做畦方式及其播种密度同露地夏秋豇豆栽培。过早播种，不仅达不到秋延后栽培的目的，且开花期温度高或雨季湿度大，易招致落花落荚或使植株早衰；播种过晚，生长后期温度低，也易招致落花落荚和冻害，使产量下降。大棚秋豇豆也可采用育苗移栽，先于7月中、下旬在温室、塑料棚内或露地遮阴播种育苗，苗龄15～20天，8月上、中旬定植。

（3）大棚秋豇豆出苗后或定植缓苗后气温低较高，蒸发量大，消耗水分多，要适当浇水降温保湿，同时要防止高温多湿导致幼苗徒长，并且注意中耕松土保墒，蹲苗促根。如果气温超过35℃，则在中午进行遮阴或向棚膜喷水降温。第一片真叶展开后，适当浇水追肥；促进植株生长发育，使其提早开花结荚。开花初期，要适当控制水分，雨后及时排水，以防引起落花。进入结荚期，应多施肥浇水，保持土壤见干见湿，以满足植株开花结荚需要。在豇豆开花结荚期，气温开始下降，要注意保温防寒。初期，棚的下部的底脚围裙不要扣严，以利于通风换气，随着气温的下降，通风量逐渐缩小，底脚围裙白天揭开、夜间盖严。当外界气温降到 15℃时，密闭棚室，只有白天的中午气温较高时，进行短时间的通风，降到 15℃以下时，基本上不通风，要加强保温，尽量提高温度，促进嫩荚生长，延长豇豆的生育期。

四、豇豆主要病虫害及绿色防治技术

（一）主要病害及农业防治

1. 豇豆根腐病

豇豆根腐病在各地菜区普遍发生，尤以连作地和低洼地为最重，感病植株可成片死亡，造成很大损失。发病规律：根腐病一般在豇豆生长 5～6 周后发生。病株下部叶子发黄，从叶片边缘开始枯萎，但不脱落，拔出病株可见主根上部与茎的地下部分变黑褐色，病部稍下陷，剖视茎部，可发现维管束变褐，病株侧根很少或腐烂，潮湿时常在病株茎基部上产生粉红色霉状物。本病由菜豆腐皮镰孢菌侵染所致，病原菌可在病残体、厩肥及土壤中存活多年甚至腐生 10 年以上，故连作地发病重。

防治方法：①实行轮作，避免连作，与白菜、葱蒜类行 2 年以上轮作。②发现病株应即拔除，并在其病穴及四周撒消石灰，采用深沟高厢栽培，防止植株根系浸泡在水中。

2. 豇豆煤霉病

豇豆煤霉病又称豇豆叶霉病，是豇豆、菜豆比较重要的病害。主要为害叶片，茎蔓、荚也可受害。开始在叶的正面或背面生细小紫褐色斑点，逐渐扩大成圆形成近圆形红褐色或褐色病斑，边缘不明显，病斑有时受叶脉限制，呈多角形，病斑的背面密生煤烟状的霉层，病斑一般无轮纹，也不穿孔。病斑多、相互连片时，引起早期落叶，仅留顶部嫩叶，病叶小结荚少。豇豆煤霉病病菌为半知菌亚门真菌的豇豆尾孢菌。病斑上的霉层即病菌的分生孢子梗和分生孢子。发病规律：病菌以菌丝块随病残体在田间越冬，第二年产生的大量分生孢子为初次侵染来源。侵染植株后，又在病斑上不断产生分生孢子在田间重复侵染。当温度25～30℃、相对湿度85%以上，或遇高湿多雨，或保护地高温高湿，通气不良，是发病的重要条件。

防治方法：①收获后及时清除田间的病株残体，集中烧毁。②合理密植，保持田间通风透光，多雨季节，加强田间排水工作，降低湿度。保护地要通风透气，排湿降温。

3. 豇豆枯萎病

豇豆枯萎病是近年来我国南方地区普遍发生的一种新的病害，广东、广西、湖南、湖北、台湾等省、自治区发生均很严重，且有逐年加重的趋势。豇豆枯萎病春、秋两季均可发病。春豇豆苗期可以感染，但此时温度低，一般不表现症状。在开花结荚时，由于温度高、雨水多，发病率高。秋豇豆枯萎病多发生在苗期。植株发病时，首先从下部叶片开始，叶片边缘，尤其是叶片尖端出现不规则水渍状病斑，继而叶片变黄枯死，并逐渐向上部叶片发展，最后整株萎蔫死亡。剖视病株茎基和根部，内部维管束组织变褐，严重的外部变黑褐色、根部腐烂。湿度大时病部表现为粉红色霉层，即病菌分生孢子状。发病规律：本病菌主要以菌丝、厚垣孢子和菌核在土壤和病残体中越冬。通过伤口侵入，主要为害维管束组织，阻塞导管，影响水分运输，同时还分泌毒素，毒死导管细胞，引起萎蔫死亡。豇豆枯萎病属于土传病害，病原可在土壤中存活多年，连作地发病早，病情重；轮作地发病迟，病情轻。一般土壤黏重、偏酸性、地势低洼积水的发病重；地势高、土壤疏松、偏碱性的发病轻。

防治方法：①轮作。发病地应进行 3 年以上的轮作，最好与禾本科作物轮作。②选择高燥的地块，采用深沟高厢栽培；酸性黏壤土中增施石灰。③种植抗病品种。如猪肠、珠燕、西圆等较抗病品种；成都五叶子、上海红豇、之豇 28-2、红嘴燕等易感病。

4. 豇豆疫病

豇病疫病是近年来发现的一种新病害，本病只能为害豇豆属各个品种。豇豆受害部位主要是茎、叶及荚果，以茎节部发病最为常见，苗期也能感病。病部初时水渍状，继而环绕茎部湿腐缢缩，变褐，其上叶蔓萎蔫，最后株枯死。被害叶片初呈暗绿色水渍状病斑，后扩大为圆形，淡褐色。荚果染病多腐烂。本病由豇豆疫霉侵染所致。发病规律：病菌以卵孢子在病残体上越冬。条件适宜，卵孢子萌发，产出芽管，芽管顶端膨大形成孢子囊。孢子囊萌发产出游动孢子，又借风、雨传播，进行侵染。在适宜发病的25～28℃温度下，若湿度高发病就重。另外排水不良、通风不好、施用不腐熟基肥或连作地，发病也较重。

防治方法：①选抗病品种。目前缺少抗病品种，但抗病2号、芦113较抗病，而猪肠豆、成都五叶子、红嘴燕易感病。②加强栽培管理。选择排水良好的沙壤土种植，实行轮作，施用腐熟的基肥，以减轻病害的发生。

5. 豇豆轮纹病

叶面初生深紫色小斑点，后变为圆形、赤褐色的鲜明轮纹。茎部产生深褐色不正形的条斑，延及茎四周后引起上端枯死。荚上生赤紫色斑点，扩大后呈褐色轮纹斑。发病规律：病原为豇豆尾孢菌。病菌以菌丝体和分生孢子随病残体遗落土中越冬或越夏，也可以菌丝体在种子内或以分生孢子黏附在种子表面越冬或越夏。分生孢子由风、雨传播，进行初侵染和再侵染，病害不断蔓延扩展。高温多湿的天气及栽植过密、通风差及连作低洼地发病重。

防治方法：①收获后及时清除病残体，集中烧毁或深埋，并实行轮作；②施用日本酵素菌沤制的堆肥或充分腐熟的有机肥，能改良土壤，增强活性，提高抗病力。

（二）主要虫害及绿色防治

1. 小地老虎

又称土蚕、地蚕。幼虫食性杂，为害多种蔬菜的幼苗。3龄前幼虫仅取食叶片，形成半透明的白斑或小孔，3龄后则咬断嫩茎，常造成严重的缺苗断垄，甚至毁种。成虫体长16～23毫米，翅展42～54毫米，深褐色。卵长0.5毫米，半球形，表面具纵横隆纹。幼虫体长37～47毫米，灰黑色。蛹长18～23毫米，赤褐色，有光泽。小地老虎在全国各地每年可发生2～7代不等。在长江两岸区域每年发生4～5代，长江以南每年可发生6～7代。在长江流域能以老熟幼虫、蛹及成虫越冬；在广东、广西、云南则全年繁殖为害，无越冬现象。每年主要以第一代幼虫为害植株。成虫夜间交配产卵，卵产于杂草或贴近地面的叶背及嫩茎上。每头雌蛾平均产卵800～1000粒。成虫对黑光灯及糖醋酒有较强趋性。幼虫共6龄，3龄前在地面、杂草或豆株上取食，为害性较小，3龄后白天躲在土中，晚上出来为害。小地老虎喜温暖潮湿环境，最适发育温度为13～25℃。

防治方法：①除草灭卵。铲除田埂、路边和春收作物田附近的杂草，以破坏其产卵场所，消灭虫卵及幼虫。②诱杀防治。一是黑光灯诱杀成虫；二是糖醋酒液诱杀成虫：糖6份、醋3份、白酒1份、水10份、90%敌百虫1份调匀，在成虫发生期设置，有诱杀效果。

2. 美洲斑潜蝇

美洲斑潜蝇属双翅目、潜蝇科。美洲斑潜蝇原分布在巴西、加拿大、美国等30多个国家和地区，现已传播到我国，寄主广泛，豆科中为害菜豆、豇豆、蚕豆、豌豆等。严重的受害株率100%，叶片受害率70%。成、幼虫均可为害，雌成虫把植物叶片刺伤，进行取食和产卵，幼虫潜入叶片和叶柄为害，产生不规则的蛇形白色虫道，叶绿素被破坏，影响光合作用，受害重的叶片脱落，造成花芽，果实被灼伤，严重的造成毁苗。形态特征与生活习性：斑潜蝇成虫体长 1.3～2.3 毫米，浅灰黑色，胸背板亮黑色，体腹面黄色，雌虫体比雄虫大。卵米色，半透明，幼虫蛆状，初无色，后变为浅橙色至橙黄色，长 3 毫米；蛹椭圆形，橙黄色，腹面稍扁平。成虫以产卵器刺伤叶片，吸食汁液，雌虫把卵产在部分伤口表皮下，卵经 2～5 天孵化，幼虫期 4～7 天，末龄幼虫咬破叶表皮在叶外或土表下化蛹，蛹经 7～15 天羽化为成虫，每世代夏季 2～4 周，冬季 6～8 周，世代短，繁殖能力强。

防治方法：美洲斑潜蝇抗药性发展迅速，抗性水平高，防治较困难，应采用综合防治措施。①严格检疫，防止该虫扩大蔓延；严禁从疫区引进蔬菜和花卉，以防传入。②农业防治。在斑潜蝇为害重的地区，要考虑蔬菜布局，把斑潜蝇嗜好的豆类与其不为害的作物进行套种和轮作；适当稀植，增加田间通透性；及时清洁田间，把被斑潜蝇为害植株的残体集中深埋、沤肥或烧毁。③采用灭蝇纸诱杀成虫，在成虫盛期至盛末期，每亩设置 15 个诱杀点，每个点放置一张诱蝇纸诱杀成虫，3～4 天更换 1 次。④生物防治。释放姬小蜂、反鄂茧蜂、潜蝇茧蜂等，这三种寄生蜂对斑潜蝇寄生率较高。

五、豇豆疫病与细菌性疫病的区分与防治

（一）症状区分

（1）豇豆疫病主要为害茎蔓、叶和豆荚。茎蔓发病，多发生在节部，初呈水渍状，无明显边缘，病斑扩展绕茎1周后，病部缢缩，表皮变褐色，病茎以上叶片迅速萎蔫死亡。叶片发病，初生暗绿色水渍状圆形病斑，边缘不明显，天气潮湿时，病斑迅速扩大，可蔓延至整个叶片，表面着生稀疏的白色霉状物，引起腐烂。天气干燥时，病斑变淡褐色，叶片干枯。豆荚发病，在豆荚上产生暗绿色水渍状病斑，边缘不明显，后期病部软化，表面产生白霉。

（2）豇豆细菌性疫病主要为害叶片，也为害茎和荚。叶片受害，从叶尖和边缘开始，初为暗绿色水渍状小斑，随病情发展病斑扩大呈不规则形的褐色坏死斑，病斑周围有黄色晕圈，病部变硬，薄而透明，易脆裂。叶片干枯如火烧状，故又称叶烧病。嫩叶受害，皱缩、变形，易脱落。茎蔓发病，初为水渍状，发展成褐色凹陷条斑，环绕茎1周后，致病部以上枯死。豆荚发病，初为褐红色、稍凹陷的近圆形斑，严重时豆荚内种子亦出现黄褐色凹陷病斑。在潮湿条件下，叶、茎、果病部及种子脐部，常有黄色菌脓溢出。

（二）发病原因

（1）豇豆疫病发病原因　豇豆疫病属真菌性病害。由

豇豆疫霉菌侵染所致。病菌以卵孢子、厚垣孢子随病残体在土中或种子上越冬，借风雨、流水等传播。温度在25～28℃，若天气多雨或田间湿度大时，会导致病害的严重发生。此外，地势低洼、土壤潮湿、种植过密、植株间通风透光不良等也会导致病害严重发生。

（2）豇豆细菌性疫病发病原因　豇豆细菌性疫病属细菌性病害。由豇豆细菌疫病黄单胞菌侵染所致。病菌在种子内和随病残体留在地上越冬。带菌种子萌芽后，先从其子叶发病，并在子叶产生病原细菌，通过风雨、昆虫、人畜等传播到植株上，从气孔侵入。高温、高湿、大雾、结露有利发病。夏秋天气闷热、连续阴雨、雨后骤晴等病情发展迅速。管理粗放、偏施氮肥、大水漫灌、杂草丛生、虫害严重、植株长势差等，均有利于病害的发生。

六、豇豆绿色防控技术措施总结

（一）播种前技术措施

1. 品种选择

选择适合种植的高产、耐热耐湿、抗性强的优良品种。

2. 种子消毒

种子在育苗播种前进行消毒，可采用传统的物理方法温烫浸种。先用常温水浸种 15 分钟，然后转入 55℃的热水中浸种，不断搅拌，保持水温 10～15 分钟。在这个温度下种子表面所带的真菌、虫卵基本上都能杀死。为使杀菌更彻底，同时可用寡雄腐霉 10000 倍液浸种。种子消毒可预防病毒病、角斑病、炭疽病、疫病等多种病虫害。

3. 苗床土消毒

选用清洁不带病菌和虫卵的苗床土可以大大减少病害感染的机会。苗床土可使用生物农药杀菌消毒。在 1 $米^3$ 培养土中加入含量为 3 亿活性孢子/克的哈茨木霉菌 110～220 克拌匀即可。生物农药哈茨木霉菌是一种广谱杀菌剂，能预防根腐病、猝倒病、立枯病、枯萎病、白粉病等多种病菌。

4. 大棚准备

安装防虫网。充分利用大棚的阻隔作用、减少病虫害的传播是大棚豇豆病虫害绿色防控的重要措施。在整个生育过程中可使用防虫网与外界环境隔离。建议使用银灰色防虫网，有很好的防虫避蚜效果。春提早栽培一般在大棚通风口处（包括顶风口、腰风口和入口处）悬挂 50 目防虫网门帘。秋延后栽培实行全棚覆盖 50 目防虫网。防虫网可有效阻隔外界的豆野螟、豆荚螟、斜纹夜蛾、甜菜夜蛾、有翅蚜、潜叶蝇等害虫成虫进入大棚内，大大减少害虫来源。

5. 棚内消毒

棚内消毒前先进行深耕翻垡，扩大表层土的裸露面积。对春季提早栽培大棚可采用硫黄熏蒸的方法。每亩棚需硫黄 2～3 千克，同时配用助燃的锯木屑，方法是用铁制或陶制的托盘做容器，底下垫上报纸和锯木屑助燃，硫黄粉放在上面。在温室内均匀放置6～8个点，点燃报纸和锯木后，硫黄在高温作用下开始熔化，并释放出SO气体。SO遇水后形成亚硫酸，具有强氧化作用，能杀灭棚室内地表层的害虫、病菌等有害生物，密闭熏蒸1～2天后通风，通风后就可使用了。对于秋延迟栽培的温室可以采用闷棚的方式消毒。一般在高温季节利用大棚的休棚期，选晴好天气密闭大棚，外界的高温加上阳光辐射产生的温室效应使棚内温度能够很快升到60～70℃，地表15厘米处的温度也能达到45℃以上，经过15～20天棚内和大部分地表处的病菌和害虫就都会被杀死。

（二）育苗期技术措施

1. 培育壮苗

苗期要严格控制好温度、湿度、光照等环境条件，同时加强水肥管理，促使秧苗生长健壮，提高对病虫的抵抗力。壮苗的标准是根系发达、茎秆粗壮、叶片光洁舒展、叶色浓绿无虫眼、病斑等。

2. 控制害虫

苗期一般虫害较少，偶尔发生蚜虫、粉虱、蓟马等虫害。如果发现虫情上升较快时，可以叶面喷施0.3%苦参碱1000～1500倍液或0.3%印楝素150～200倍液等植物源杀虫剂进行防治，也可采用95%的矿物油150～200倍液防治。

3. 预防苗期病害

在子叶展开后喷施寡雄腐霉可湿性粉剂1000倍液或

哈茨木霉菌1500～3000倍液预防猝倒病、立枯病等真菌病害。在移栽前再喷施一次，确保幼苗不带病菌。

（三）移栽后至收获期技术措施

1. 农业防治

大棚内容易造成高温高湿环境。而高湿环境容易诱发多种病害的发生。应采用深沟高畦栽培以利排水，有条件的尽量实行滴灌。注重通风降湿，有效降价棚内湿度，棚内湿度最好不要超过70%，从而减少煤霉病、锈病、轮纹病等高湿性真菌病害的发生。根据田间杂草发生情况，采取人工除草。及时清除落花落荚和植株下部的老叶、黄叶，发现病叶要及时摘除，枯萎病、根腐病病株要连根拔除。作业时不要在病害重的大棚与病害轻的大棚间来回操作，减少因人工操作带来的传染。作物收获后，及时将病虫残枝、杂草清理干净，集中进行无害化处理，保持田园清洁。大棚豇豆不宜连作。

2. 色板诱杀

在大棚内悬挂色板诱杀。用黄板诱杀蚜虫、白粉虱、斑潜蝇，用蓝板诱杀蓟马。每亩均匀分散悬挂40张，高度在植株生长点上方10～15厘米处，并随着植株的生长不断提升高度。粘满虫后更换黄板。

3. 释放天敌

利用天敌防治害虫应在发生初期进行，同时在释放前1周内不要喷施化学农药，这样用少量的天敌就可控制害虫的危害。利用瓢虫防治蚜虫的方法是释放时将瓢虫装在浅容器内，放在蚜虫发生较集中的植株之间，释放数量按瓢虫和蚜虫的益害比1：(40～60)的比例。释放时间在10：00前或17：00以后棚内温度比较低时进行，这样有利于提高瓢虫成活率。释放丽蚜小蜂可防治白粉虱，在大棚内出现粉虱初期进行。丽蚜小蜂体形小，只有0.6毫米，将被丽蚜小蜂寄生的粉虱蛹制成的卡片挂在植株的叶杈上，一般一个卡片可产生丽蚜小蜂200条以上。经过1～2天成蜂就开始陆续孵化破壳，寻找粉虱幼虫将卵产在粉虱幼虫或蛹身体里，并在其中发育成成虫，而使粉虱变成黑蛹无法发育。利用捕食螨防治叶螨，可将装有捕食螨的袋子开口后挂在植株中部的叶杈上或将捕食螨直接撒在叶片上。

4.生物制剂防治

当虫口密度较大时，可用生物农药防治，降低虫口基数。一般采用喷雾防治，手动喷雾兑水40～50千克，机动喷雾兑水15千克。防治虫害在害虫低龄期施药，使用的药剂和每亩用药量为：防治豆荚螟和豆野螟可在孵化盛期至二龄前用0.3%苦参碱水剂200～500克；防治蚜虫在有蚜株率15%～20%时用0.65%茴蒿素水剂230～250毫升；在叶螨点片发生或株螨率达5%时用0.3%印楝素乳油100～150克。

防治病害在发病初期用药，各种病害使用的药剂和每亩用药量为：防治锈病用10%宁南霉素可溶性粉剂60～80倍液；防治煤霉病可用2亿活孢子/克木霉素可湿性粉剂125～150克；防治根腐病、枯萎病可用1%申嗪霉素悬浮剂 80～120 毫升或 1000 亿枯草孢杆菌/克可湿性粉剂 30～50 克；防治细菌性疫病可用 10％宁南霉素可溶性粉剂 100～1200 倍液。

第四章

毛 豆
绿色生产技术

毛豆是豆科大豆属一年生草本植物，别名枝豆。原产我国，自古栽培，鲜、干豆粒均可做菜用。每100克嫩豆粒含水分57～69.8克、蛋白质13.6～17.6克、脂肪5.7～7.1克、胡萝卜素23.28毫克，并含维生素和氨基酸等，在蔬菜淡季时，菜用大豆供应市场，极受欢迎。菜用大豆不仅品质好，而且供应期长，栽培费工少，产量稳定，是一种良好的蔬菜。菜用大豆制成罐头和速冻品，可出口外销。

一、毛豆对外界环境条件的要求

（一）温度

毛豆喜温暖。种子在10～11℃开始发芽，在15～20℃发芽快。苗期能忍受短时间的低温，生长期间最适温度为20～25℃。温度低，开花结荚期延迟，低于14℃则不能开花。在日间温度24～30℃、夜间温度为18～24℃时，花发生较早。在生长后期对温度特别敏感，温度高，提早结束生长；温度急剧下降或早霜来临，则种子不能完全成熟。当温度在1～2.5℃时植株受害，温度降至－3℃时，植株冻死。故在无霜期短的地方，选择适当的品种很重要。

（二）光照

毛豆属于短日照植物。对日照的反应因品种而异。南方的有限生长类型、早熟品种，对光照的要求不严，在春、秋两季栽培均能开花结荚。北方的无限生长类型、晚熟品种则多属短日性。所以北方的品种南移，往往提早开花；南方的品种北引，常茎叶繁茂、延迟开花。故各地区间引种，要考虑这些因素。

（三）水分

毛豆是需水较多的豆科作物。对水分的要求因生长时期而不同。在种子发芽期需要吸收比种子重量稍多一点的水分，播种期水分充足，发芽快，出苗齐，幼苗生长健壮。苗期应保持田间最大持水量的60%～65%，分枝期为65%～70%，开花结荚期为70%～80%，鼓粒期为70%～75%。生育前期过湿过干，影响花芽分化正常进行，开花减少。在开花结荚期过湿或过干，花荚脱落会显著增加。

（四）土壤和养分

毛豆对土质要求不严格，沙壤土至黏壤土皆可栽培，而以土层深厚、排水良好、富含钙质及有机质的土壤为好。最适宜毛豆生长的土壤pH值为6.5，超过9.6或低于3.9时，毛豆不能生长。毛豆对养分的需要，据吉林省农业科学院试验，开花以前吸肥较少，从播种至始花期吸肥不到总量的80%以上。毛豆需氮多，虽有根瘤菌固氮，但有相当大的部分靠施肥供给。若氮素不足，生长不好，花荚脱落增多。开花始期前吸氮量约占总吸氮量的16%，花开结荚期则占78%。毛豆也需要大量的磷、钾。分枝期缺磷，分枝、节数会减少；开花期缺磷，节数和开花数减少，增加花荚脱落。缺钾则叶变黄，由顶部向基部扩展。严重时整个植株枯黄而死。

二、毛豆的类型和品种

（一）毛豆的类型

毛豆依开花结果习性分为有限生长和无限生长类型。

1. 有限生长类型

主侧枝生长到一定程度顶芽为花序，主茎上部先开花，后向上或向下延续开花，花期较集中，果荚主要着生在主茎中部，种子大小较一致。这类品种多分布在长江流域雨量较多的地区。

2. 无限生长类型

植株顶芽为叶芽，自主蔓基部逐节向上着生花，花期较长。每节结荚数由下而上渐减少，顶端常结一个荚。这类品种多分布在东北、华北雨量较少的地区。毛豆依生长期分为早、中、晚熟三类。早熟类型生长期在90天以内，品种有鲁青豆1号、华春18、宁蔬1号、六月白等。晚熟类型生长期120～170天，如小寒王、绿宝珠、岩手青毛豆等。依种子色泽分黄、青、黑、褐及双色。以黄色种最普遍，青色豆粒大，如大青豆。

（二）毛豆的品种

1. 早熟种

（1）鲁青豆1号　山东省烟台市农科院选育。株高

70～75 厘米，属有限生长型，主茎节数 13～14 节；叶片中等大小，椭圆形；花紫色；节下毛棕色；籽粒绿皮青子叶，椭圆形，黑脐，千粒重 250 克左右，无紫褐斑粒；蛋白质含量 42.4%，脂肪含量 16.8%。籽粒采用蒸煮易烂，适口性好。

（2）特早 1 号　安徽农业大学园艺系与黑龙江省宝泉岭农业科学研究所合作，通过有性杂交系统选育而成。属有限生长型，株高 62.5 厘米，开展度 23 厘米。圆叶，紫花，单株分枝 2～3 个，单株结荚 20 个。茸毛棕色，每荚种子 2～3 粒，单荚重 2.1 克，鲜豆百粒重 57.3 克，豆荚成熟整齐，出粒率达 71.8%，易剥。豆荚色泽嫩绿。易煮烂，品质好。鲜食、加工皆宜。抗性强，耐肥水，较耐低温，结荚节位低。极早熟，春季播种至商品成熟需 65～70 天。丰产，鲜荚产量每 667 平方米 850～900 千克。

（3）小寒王毛豆　江苏省海门县经过引种试种，筛选出的丰产、优质新品种。株高 70～80 厘米，茎秆粗壮，2～3 个分枝。结荚较密，每荚含种子 2 粒，籽粒近圆球形，粒大，形如豌豆，干豆千粒重 400 克左右，青毛豆千粒重 800～900 克。生育期 80 天左右。籽粒质糯、味鲜、清香、爽滑可口，适宜鲜食、速冻及加工成五香豆或罐头。每 667 平方米产鲜荚 800 千克以上。

（4）华春 18　系浙江农业大学（现浙江大学）农学系育成的特早熟菜用大豆新品系。株高 40～50 厘米，叶片中等大小，叶色较深，分枝短小，3 粒荚比例高达 70% 以上。豆荚鼓粒大，干豆百粒重 20～22 克，嫩豆易煮烂，软而可口，食味佳。鲜毛豆荚每667平方米产量500～650千克，干豆产量125～150千克。该品系上市早，在长江中下游地区于3月下旬播种，6月10日左右鲜毛豆即可上市。

（5）特早菜用大豆95-1　系上海市农业科学院选育并通过审定的特早熟鲜食菜用大豆品种。春栽采青荚，生育期75天左右，植株较矮，生长势中等。株高40～45厘米。叶卵圆。花淡紫色，茸毛灰绿色，有限结荚习性，主茎节数9～11节，侧枝3～4个。着荚密集，豆荚大而饱满，荚长4.5～5.0厘米，荚宽1.1～1.2厘米，豆粒鲜绿，极易煮酥，口感甜糯，风味佳，鲜荚百荚重250克左右，平均每667平方米产量550～600千克。该品种耐寒性强，极适于早春大小棚栽培。

（6）早豆1号　系江苏省农业科学院蔬菜研究所筛选出的早熟、丰产、优质品种。株高60～70厘米，分枝1～2个。结荚密，荚毛白色，籽粒黄，脐无色，豆粒美观、质糯、味鲜。

（7）青酥2号　早熟菜用大豆品种，是上海市农业科学院动植物引种研究中心从日本、我国台湾省引入的几十份菜用大豆新品种中经单株筛选出来的又一优良新品系。通过3年的试种观察，该品系表现极早熟，播种至采收75～78天。株高35～40厘米，分枝3～4个，节间9～11节。有限结荚，荚多，平均单株结荚45～50个，单株荚重90克以上，最多可达176克。鲜豆百粒重70～75克，豆粒大而饱满，色泽鲜绿，一烧就酥，且口感甜糯，风味极佳。荚毛灰白，荚色泽碧绿，2粒荚长可达6厘米以上，荚宽1.51厘米以上，是鲜食及加工兼用型品种，也是理想的速冻菜用大豆品种。该品种耐寒性强，适应性广，可提前或延后栽培，特别是通过地膜覆盖早熟栽培，可有效应用于麦稻种植茬口的改良及融入其他多种茬口的套种及间作调整。该品种栽培省工，又利于培肥地力。一般每667平方米产量可达500千克以上，经济效益显著。

2. 中熟种

（1）楚秀　该品种属黄淮中熟夏大豆，由江苏省淮阴农业科学研究所选育。植株属有限生长型，株高80厘米左右，主茎16～17节，叶卵圆形；紫花，荚上有灰色茸毛；含二三粒种子的荚占70%以上，鲜豆千粒重可达600～700克；成熟籽粒椭圆形，微有光泽，脐褐色。一般每667平方米产鲜荚600千克以上。全生育期105天左右，适宜淮北及淮南地区夏季种植。

（2）宁青豆1号　南京农业大学等单位选育。植株生长势强，株高119.6厘米，茎粗0.96厘米，紫色，初始结荚节位第九节，三粒荚占30%以上，单株结荚56个左右，单株荚重95克，荚毛棕色，鲜豆千粒重650克。种子青皮青仁，球形，脐黑色，光泽好，外观美，品质好。每667平方米产青荚约632千克。

（3）绿光　引自日本。株高70厘米左右，株型较紧凑，主茎有12个叶节，3～4个分枝，花白色。青荚绿色，荚上茸毛灰色，每荚有种子两粒。青豆粒浅绿色，质嫩，千粒重480克。老熟种子圆粒，浅绿色，千粒重300克。植株结荚数中等，每667平方米产青荚470千克左右。其豆粒大，色绿，速冻加工品质好，是加工用的优良品种。

（4）六月白　江苏省地方品种。株高约 70 厘米，株型稍松散，花紫色，青荚绿色，每荚有种子 2～3 粒，单荚重 2.2 克。青豆粒浅绿色，质地脆嫩，千粒重 400 克。老熟种子圆粒，黄色。每 667 平方米产青荚约 650 千克，为鲜食和速冻加工兼用品种。

3. 晚熟种

（1）南陵青果豆　南陵青果豆是安徽南陆最晚熟的大豆地方品种。植株高 90 厘米左右，离地面 30 厘米开水红色花结荚。每荚有种子 2～4 粒，以 3 粒为多。种子黄脐，淡绿色，扁圆形或扁椭圆形，千粒重 500 克，嫩豆腰子形，粒大味鲜，品质极佳，抗病虫性强。

（2）小寒王　江苏省启东市地方品种。植株矮生，株高 70～80 厘米。茎秆粗壮绿色，有 2～3 个分枝，开展度 62 厘米。叶色深绿，花冠紫色，第一花序着生于主枝 5～6 节。每花序结荚 5～7 个，青荚绿色，老熟荚黄褐色，种子近圆球形，形如豌豆。嫩豆粒绿色，成熟种子种皮有淡黄色和淡绿色两种。种脐深褐色。青豆粒千粒重 800～900 克，干豆粒千粒重 380～440 克。每 667 平方米产青豆荚 800 千克左右。

（3）绿宝珠　江苏省启东市近海农场育成。有限结荚型，株高 55～60 厘米，茎秆粗壮，分枝 3～4 个。叶大心脏形，叶色深绿。紫花，2 粒荚，荚熟时呈暗绿色，粒椭圆形，种皮和子叶均为绿色，黑脐，干豆种子千粒重

380～400 克，青豆粒千粒重 800～850 克。耐肥抗倒伏，每 667 平方米产鲜荚约 650 千克。

(4) 岩手青毛豆　自日本茨木市引入。植株生长旺盛，叶色深绿，株高 85 厘米，分叉多，花紫红色密生，单株产荚 60 个左右。多粒荚占 92%。豆粒大，椭圆形，绿色，饱满，千粒重 272 克。抗病、抗逆性强，适应性广，每 667 平方米产青豆荚 1056 千克。

三、毛豆的栽培季节

(一) 毛豆的露地栽培

这是毛豆的主要栽培方式。长江流域大多数地区从春至秋都可生产毛豆，各地根据不同品种的成熟性和对光照长短的反应，妥善安排播种期，实行春播或夏播，可在夏、秋季收获，从 6 月开始收获嫩荚，以青豆（嫩豆）供食，直至 9 月，最迟可到 10 月，一般 7～8 月为生产旺季。

具体播种期，长江流域 3～6 月均可，春播的夏收，夏播的夏末至秋收获。3 月播种育苗的，4 月上旬定植，6～7 月收获。4～6 月直播的，7～9 月收获，早熟品种早播早收，中、晚熟品种晚播晚收。华南秋播为 7～8 月播种，9～10 月收获。

毛豆在适宜的播种期范围内，早播的产量高。但要注意两个问题，一是品种对日照长短的反应，如早熟品种播种迟，则植株矮小，产量低，故宜春播夏收。晚熟品种播种过早，生长期延长，枝叶徒长，甚至植株倒伏，产量下降，故宜夏播秋收；二是市场供应问题，产品过于集中，将会影响效益的增加。

（二）毛豆的保护地栽培

毛豆春早熟栽培，长江流域主要在大棚内进行，实行冬或早春播种育苗，春末至初夏收获。一般在2月下旬至3月中旬播种，5月采收上市，如南京地区采用黑丰、宁蔬60等品种在2月下旬播种，可在5月上、中旬收获。

四、露地毛豆绿色生产技术要点

（一）毛豆的春季露地绿色生产

1. 播种前的准备

（1）整地施基肥　毛豆一般单作，也可间套作。单作的首先要做好整地施基肥的工作。毛豆对土质的要求不严格，凡疏松肥沃、排灌方便的田块均可。播种前尽早深犁晒垡，细耙做畦，畦要平直。结全整地，施足基肥。有机肥料对毛豆植株的生长发育有良好作用，氮肥和磷肥配合的增产作用比单施氮肥大，铵态氮的作用比硝态氮好。耕地时用栏肥或堆肥每亩1500～2500千克，翻入土中作为基肥。若土壤过酸，要施石灰调节pH在6～7.5范围内，于播种前在播种穴或播种条沟中施过磷酸钙每亩15～20千克。

（2）种子处理选种　播种前先将种子进行筛选或风

选，除去种子中混有的菌核、菟丝子种子、小粒和秕粒。再拣除有病斑、虫蛀和破伤的种子。药剂拌种：微量元素中的钼能增强毛豆种子的呼吸强度，提高发芽热和发芽率。可用浓度为1.5%的钼酸铵水溶液拌种，每100千克种子用钼酸铵稀释液3.3千克。若种子田曾发生紫斑病、褐纹病、灰斑病等，还须用福美双拌种消毒，用药量为种子重的0.2%。根瘤菌接种：未种过毛豆的田块，接种根瘤菌效果显著。发育良好的根瘤，能供应毛豆所需全部氮素的63%左右，其余氮素则靠施肥满足。根瘤菌接种办法有：①土壤接种。从毛豆根瘤生长良好的田地中，取出表土撒于准备播种毛豆的田中，一般每亩撒土35千克左右。②土壤水液接种。把含有多量根瘤菌的土壤，加入等量的水，搅成泥浆，澄清5分钟后，用上面较清的泥浆和种子混合，每100千克种子拌泥浆水4～5千克。阴干后播种。如种子太湿、播种不方便，可加些含有根瘤菌的细干土。③根瘤菌剂接种。利用人工培养的优良菌种制剂，效果更好。一般每100千克种子，用根瘤粉400克，加水5千克，充分拌和，使每粒种子都黏着菌剂，接种时宜避免阳光直射和过分干燥，拌后随即播种，以免失效。

2. 播种育苗

（1）直播　目前生产上广泛应用的是穴播，其次是条播。植株分枝小的品种较适宜穴播。条播比穴播更适宜机械操作。穴播的在畦面按预定的距离开浅穴，一般早熟品种穴距约25厘米，中熟品种约30厘米，晚熟品种35～40厘米，每穴均匀播种3～6粒，盖土3～4厘米，再盖一些腐熟堆肥或草木灰，既可保持土表疏松又可增加钾肥。条播的在畦面按预定的行距开浅沟，沟底要平整。再按适宜的株距把种子播入沟内，每处1粒，种子上盖土与穴播同。一般早熟品种行距约30厘米，晚熟品种行距40～50厘米，株距12厘米。每亩播种量穴播3～4千克，条播5～6千克。

（2）育苗　毛豆也可用冷床育苗。先做好苗床，床畦要较窄而高，苗床要整平，床土要细碎，不可过湿，播种前晒热。播种宜用秋籽，这种种子发芽势强，在较低温度下仍能良好发芽。播种要稀密适度，播下后用松土覆盖约2厘米，表面再撒一层黑色的砻糠灰，使土温易升高。出苗前不可浇水，以免烂籽；夜间及雨天苗床盖严以防冻防雨，晴天揭开晒太阳。一般于播种后10余天出苗。每亩大田所需苗株的播种量是2.5～3.5千克。

3. 定植

毛豆幼苗在第一复叶展开前能耐－3～－2℃的低温，可在断霜前数日定植到露地。栽植时按预定行穴距挖穴，幼苗带土栽植，每穴栽1～2株。深度以子叶距地面3～5厘米为宜，不要栽得过浅过深。栽得过浅，以后多雨易露根，遇强风易折断；栽得过深，心叶易被泥沾污，妨碍生长。栽后覆土，稍加镇压，浇定根水。毛豆的单位面积产量是由单位面积株数、每株结荚数、每荚重量、每荚含种子数和千粒重等因素决定的，而单位面积和株数是组成产品的重要因素。毛豆的适宜密度应根据品种、栽培季节、土壤肥力和耕作栽培条件等进行确定。早熟毛豆以每亩

30000 株为宜，中熟毛豆以 18000～20000 株为宜，晚熟毛豆则以 15000～17000 株为宜。秋播生长期短，长势较弱，可以比春播较密。间作能较好地利用环境条件，可以比单作密植。密植程度相同，方形栽植或宽行窄株距比双株栽植的可获得较高产量。毛豆合理密植的生理指标，是植株封行后田间的叶面积系数为 4～5。如叶面积系数过高，植株下层光照条件恶劣，黄叶、落叶多，降低光合作用率，营养物质的制造积累减少，花荚脱落增多。如叶面积系数过低，又不能充分利用日光能，全田光合量降低，也不会达到增花保荚丰产的目的。

4. 管理

（1）间苗和补苗：直播的毛豆齐苗后须及早间苗，淘汰弱苗、病苗和杂苗。一般在子叶刚开展时一次间苗完毕。若地下害虫多则分两次间苗，在第一对单叶开展前结束。穴播的通常每穴留两株。条播的按保苗计划留足。直播的田间常有缺苗，多是由于种子不良、播种质量差或地下害虫多等原因造成，要及时补苗。可用间苗时匀出的苗，选好的补上，最好是播种时另外播种一些后备苗。补后浇水，保持土壤湿润，以保成活。

（2）追肥　毛豆是固氮作物，对氮素的要求不高，但为了多分枝、多开花、多结荚，在施足基肥的基础上，科学追肥，有利于毛豆夺取高产。在幼苗初期根部还未形成根瘤或根瘤菌活动较弱时，要适量追施苗肥，促使幼苗生长健壮。可在出苗后 1 周每亩施尿素 5 千克，促进根、叶生长。开花前如生长不良，再施 10%～20%的人粪尿一次、草木灰100～150千克、过磷酸钙5～10千克，促使豆荚充分饱满；后期还可用1%～2%过磷酸钙浸出液根外追肥。钾肥不足，容易发生叶黄病，可施用苗木灰或硫酸钾进行防治。

（3）灌溉和排水　毛豆植株枝叶茂盛，水分蒸腾量多。每形成1克干物质需要吸收600～1000克水。在幼苗期宜保持较低的土壤湿度，促进根系向土壤深层发展，扩大吸收面积。作早熟栽培的，苗期减少土壤含水量，可使土温升高，促进植株生长。毛豆在开花结荚期如果缺水，单粒荚明显增加，严重影响产品的成品率。同时毛豆的耐涝性差，不能使豆田积水过久。因此要根据不同天气不同时期进行合理排灌。一般南方春季阴雨天多，雨后要及时开沟排水；秋季天气干旱、雨水少，播种期、分枝期、开花结荚期都需及时灌水，以沟灌润田为原则。

（4）中耕除草　中耕可使土壤疏松，增加土壤中氧气含量，从而促进毛豆根的发生和根瘤菌的活动。早熟栽培的毛豆在幼苗期进行中耕可使土温升高，增强根对磷的吸收。每次中耕时把细土壅到豆苗基部，可保护主茎和防止倒伏，促使根群生长。毛豆播后苗前，喷施除草剂乙草胺，效果较好。出苗后到开花前要除草3次左右。

（5）摘心　毛豆植株发生徒长则落花、落荚和秕粒、秕荚增多，产量和质量降低。摘心可以抑制生长，防止徒长，提早成熟，增加产量。试验证明，摘心可以增产5%～10%，提早成熟3～6天。有限生长类型的品种，在初花期摘心为好，无限生长类型的品种则应在盛花期以后摘心。

5. 采收留种

毛豆一般在豆粒已饱满、豆荚尚青绿时采收。过早则豆粒瘦小、产量低；过迟则豆粒坚硬，降低品质。采收时全株一次收完，或分二三次采收。采收后放在阴凉处，保持新鲜。留种的植株必须待种子完全成熟，植株的茎秆干枯，大部分叶发黄枯落，豆荚变为褐色或黑褐色，豆荚中的豆粒干硬，豆粒和荚壁脱离，用手摇动植株时种子在荚中有声响，此时要在豆荚未爆裂时及时采收。

留种用的种子在贮藏期中若遇高温，呼吸作用加强，养分易消耗，同时种子吸收空气中的水分，使脂肪变成脂肪酸，种子的发芽能力减弱，植株生长衰弱，因此毛豆应该贮藏在温度低、湿度小的环境下才能保证一定的发芽力。成都、南京的农民为了保证毛豆的发芽力，采用翻种的办法，即毛豆种在夏天收获后立即播种，到当年9月后所收获的种子作为明年春季播种用。经过翻种后的种子并未经过高温多湿的环境，所以种子发芽力较高，幼苗生长好。经翻种后的种子较小，有光泽，可在较低的温度下发芽。翻种留种连续3～4年后，豆荚和种子逐渐变小，发生退化现象，因此需从外地换种。为了解决这个问题，现在有的地方采用了北繁留种的办法。

（二）毛豆的秋季露地绿色生产技术要点

秋毛豆在长江流域一般在7月中旬至8月初播种，8月底开花，10月上、中旬上市，深受市场欢迎，栽培较为普遍。

（1）选择适宜的品种　作秋毛豆栽培的品种宜选丰产性好、蛋白质含量高、籽粒大、易剥的秋型品种，如浙江省的郑地九月黄、咸宜大豆、徐山八月拔、大桥豆、山花豆、高家黄豆等。

（2）选种晒种　播种前挑去破粒、虫粒、瘪粒，进行几小时晒种，提高发芽率和发芽势。

（3）适期播种　秋毛豆适宜的播种期为7月中旬至8月初。播种不宜过早，否则会生长过盛、荫蔽，造成瘪荚数增加，病虫害加重。

（4）合理密植，播后盖草保水　适宜的播种密度为20厘米×30厘米或20厘米×35厘米，每丛留3苗。每亩苗数在2.6万～3万之间。播种后宜盖稻草或草，可保持水分和抑制杂草生长。

（5）适施磷、钾肥，巧施氮肥　以每亩施磷肥10～20千克、钾肥15千克左右，作基肥施下为宜。若苗期发僵，可叶面喷施2%的氮肥溶液，以补充氮素，因苗前期尚无固氮能力，会造成氮素供应不足。

（6）及时间苗、查苗、补苗　天旱时，水田灌跑马水，旱地应浇水，及时除草治虫和防病。常规留种。

五、早春大棚毛豆绿色生产技术要点

（一）品种选择

选用早熟、耐寒性强、低温发芽好、商品性好的宁蔬

6、日本大粒王等品种。

（二）适期早播

直播，播种时间为2月下旬。播前精细整地，均匀施肥，每亩施2500～3000千克腐熟农家肥，过磷酸钙25千克，大棚内做成两畦，畦沟宽30厘米、深20厘米，行距30厘米、穴距20厘米，每穴3粒。播种深度10厘米左右，播种过浅不易出苗。播种后立即覆盖地膜和大棚膜。江浙一带早春播种，采用棚内地膜覆盖育苗移栽，露地栽培于3月下旬播种，播后加盖地膜，促进苗齐、苗全、苗匀、苗壮。每667平方米用种量7.5千克左右。

（三）合理密植

对株形紧凑、熟期早的品种如特早95-1，要重视密植，行距25厘米、穴距15～20厘米，每穴保苗2～3株，每亩留苗数1.5万株以上。

（四）科学施肥

对株形较矮、不易徒长的品种如特早95-1，应施足基肥。每亩施复合肥30千克，苗期应看苗施肥，苗弱叶色浅时施适量速效氮肥。初花期每亩追施尿素10千克加复合肥5千克。结荚期叶面喷0.45%磷酸二氢钾加1%尿素溶液，可有效提高结荚数，增加产量。

（五）调控温度

在春季早熟大棚栽培时，苗期温度在25℃就应及早通风换气。

（六）精细管理

出苗后及时检查缺苗情况，及时补播。确保每亩有2500～3000株苗，这是早熟菜用大豆丰产的关键。管理中应及时划破地膜，促进幼苗生长。苗齐后要及时通风，白天保持20～25℃，防止高温徒长，夜间注意防寒防冻。3月中旬以后，气温渐高，要加强通风。4月中旬揭掉大棚薄膜。幼苗期根瘤菌未形成前需要追施一次氮肥，每亩用尿素5～10千克。开花初期喷硼肥加多效唑，可防病增产。结荚初期，每亩再施草木灰100千克、过磷酸钙5千克，促进豆荚饱满。此时应该防止田间兔、鼠偷吃豆荚。水分管理要贯彻“干花湿荚”的原则，开花初期水分要少些，湿度大会落花、落荚，结荚后浇水，促荚生长，但要防止田间渍水。

（七）适时采收

豆荚充分长大、豆粒饱满鼓起、豆荚色泽由青绿转为淡绿时为采收适期，一般5月下旬开始采收，每亩可收豆荚560千克左右。

六、毛豆主要病虫害及绿色防治技术

（一）主要病害及农业防治

1. 大豆霜霉病

（1）发病症状　主要在开花结荚期发生。先在叶片上产生多角形或不规则形黄斑，边缘明显，叶背面产生灰白色霜霉层，其后病斑变为褐枯斑，有时造成穿孔，叶背面霜霉层变为灰褐色，也侵染豆荚，豆荚内充满菌丝体和卵孢子。在苗期感染时造成系统性发病，严重时造成主茎枯死。开花结荚期感染为次感染，只形成叶斑，不形成系统性发病。病原菌为东北霜霉，属鞭毛菌亚门真菌，卵孢子近球形，内含1个卵球。

（2）发生特点　病菌菌在病残体上越冬。翌年，条件适宜时产生游动孢子，从子叶下的胚茎侵入蔓延，后产生大量孢子囊及孢子，进行再侵染，一般雨季气温在20～24℃时发病重。

（3）防治方法　选用抗病品种，从无病地留种；实行2年以上轮作；清洁田园，焚烧病残体，及时耕翻土地；合理施肥、密植。

2. 大豆花叶病毒病

（1）发病症状　本病因品种、气候条件变异较大。常见4种症状，即轻花叶型、重花叶型、皱缩花叶型和黄斑型。由大豆花叶病毒侵染引起。

（2）发生特点　田间管理条件差、蚜虫量大、气候干旱时发病较重。

（3）防治方法　选用抗病品种，严格选用无病种子；建立无病留种田，田间及时拔除病株；加强肥水管理，提高植株的抗病性；及早防治蚜虫，严防病毒蔓延。

3. 大豆灰斑病

（1）发病症状　幼苗及成株均可染病。幼苗期发病，子叶上出现圆形或半圆形稍凹陷的红褐色病斑，病情严重时，可导致死苗。成株期叶片、茎秆、豆荚、籽粒均可发病。病斑初期为红褐色小点，后叶片上的病斑逐渐扩展呈圆形，边缘红褐色。中央灰白色，天气潮湿时背生灰色霉层，后期病斑相互合并呈不规则状，干燥时可导致中央开裂；茎秆上病斑呈菱形，中央灰褐色，边缘不明显，后期相互合并甚至包围整个茎秆，豆荚上病斑为圆形，中央褐色，边缘深褐色，后期也可合并成不规则状；籽粒上病斑红褐色稍凹陷呈圆形。菜用大豆灰斑病原菌为大豆尾孢菌，属半知菌亚门的真菌。分生孢子梗簇生，成束从菜用大豆气孔中伸出，淡褐色，不分枝，有膝状节，孢痕明显；分生孢子呈棒状或圆柱状，无色透明，有多个隔膜。

（2）发生特点　病原菌以菌丝体在菜用大豆种子或病残体中过冬，翌年春季菜用大豆种植后产生分生孢子，成为初侵染来源，分生孢子借风雨传播，侵染菜用大豆幼苗，造成幼苗染病。但由于 3～4 月份幼苗期气温较低，所以幼苗期发病一般非常轻。以后病部产生分生孢子进行再侵染，随着气温回升、再侵染的不断进行，至 5 月中下旬雨季开始后，灰斑病即大面积流行。秋季种植菜用大豆，在发生灰斑病的田块留种，后期豆籽染病即造成种子带病。经过严格消毒处理的种子种植后病情比未经消毒的种子种植后病情轻，说明种子带菌情况是影响菜用大豆灰斑病发生的重要因素。适温高湿条件有利于灰斑病的发生，其适宜温度为 23～27℃，尤其温度适宜，且降雨季节与结荚期相吻合，导致豆荚染病严重。

（3）防治方法　①选用无病种子。品种抗性方面，目前种的品质较好且在国外较有市场的菜用大豆品种有绿光74、绿光75，但在闽西山区种植抗性表现较差，而292、2808等虽然较为抗病，但对于采收、加工方面要求较严，品质较差。②做好种子消毒处理。种植菜用大豆，必须严格选用优质无病的种子，播种前要做好种子消毒工作，可用50%多菌灵或福美双可湿性粉剂按种子重量的0.3%～0.4%进行拌种。同时，每5千克种子可用20克微生态制剂一起拌种，可提高其抗病性。③合理轮作。连续几年早季种植菜用大豆、晚季种植甘薯等旱作的田块灰斑病的发生比水旱轮作的田块重。低洼积水的田块灰斑病发生比通透性良好的山地病情重，春种比秋种的病情重。④适度密植，提高群体抗病性。

4. 大豆白粉病

（1）发病症状　病害多从叶片开始发生，叶面病斑初为淡黄色小斑点，扩大后呈不规则的圆形粉斑。发病严重时，叶片正面和背面均覆盖一层白色粉状物，故称白粉病。受害较重的叶片迅速枯黄脱落。嫩茎、叶柄和豆荚染病后病部亦出现白色粉斑，茎部枯黄，豆荚畸形干缩，种子干瘪，产量降低。发病后期，病斑上散生黑色小粒点，病原菌为大豆白粉菌。

（2）发生特点　北方寒冷地区，病原菌以闭囊壳在病残体上越冬，次年春暖后闭囊壳成熟，散出子囊孢子。在温暖无霜地区或在棚室内，分生孢子和菌丝体能终年存活。田间以子囊孢子和分生孢子进行初侵染，寄主发病后病斑上产生大量分生孢子，经气流传播引起再侵染。分生孢子萌发的温度范围为10～30℃，最适温度为22～24℃，空气相对湿度98%。在昼夜温差大和多雾、潮湿的气候条件下易于发病。土壤干旱或氮肥施用过多时也易发病。

（3）防治方法　避免重茬和在低湿地上种植，合理密植，保持植株间通风良好，降低空气湿度。增施钾肥，提高植株抗病能力。

（二）主要虫害及农业防治

（1）大豆蚜虫危害特征　成虫和若虫均能刺吸植株嫩叶、嫩茎、花及豆荚的汁液，使叶片卷缩发黄、嫩茎变黄、品质下降。严重时影响植株和豆荚生长，造成减产。

（2）豆荚螟危害特征　以幼虫蛀食寄主花器，造成落花。蛀食豆荚早期造成落荚，后期造成豆荚和种子腐烂，并且排粪于蛀孔内外。幼虫有转果钻蛀的习性。在叶上孵化的幼虫常常吐丝把几个叶片缀卷在一起，幼虫在其中蚕食叶肉，或蛀食嫩茎，造成枯梢。

（3）大豆孢囊线虫　①危害特征：大豆孢囊线虫可导致籽粒变小、产量下降、品质变劣。大豆孢囊线虫病连茬地块发生较重。主要危害大豆根部，被害植株发育不良，植株矮小，苗期感病后子叶和真叶变黄，发育迟缓，成株感病后地上部矮化或枯黄，结荚减少，严重者全株枯死，病株根系不发达，侧根显著减少，须根增多，根瘤少而小，根系上着生许多白色或黄白色小颗粒，即孢囊，发病轻的植株虽能开花结荚，但荚少，因线虫的寄生，使大豆植株营养失调，造成大幅度减产。②发病条件：大豆孢囊线虫病的发生和危害与耕作制度、温湿度及土壤类型及肥力状况有密切关系，连作地块发生较重，连作时间越长，发病程度越重，土壤干旱、保水保肥能力差的地块发病重。孢囊线虫是在土壤中侵染的，土壤温、湿度直接影响其侵染寄生活动，在发育最适温度15～27℃条件下，发育速度与温度成正比，温度越高发育越快，发生虫量越多，孢囊线虫最适土壤湿度为40%～60%。大豆孢囊线虫是以1龄幼虫的孢囊在土壤中越冬，也可寄生在根茬中越冬，大豆出苗后，幼虫从大豆幼根的表皮侵入，开始初次侵染。③防治方法：选用抗病耐病品种，采用多品种种植；实行轮作倒茬，防止重茬，与禾本作物进行3～5年轮作，能有效控制孢囊线虫病的危害，轮作年限越长，防病效果越好；选择保水、保肥能力较好的土壤种植大豆，增施有机肥，提高土壤肥力，促进植株生长健壮，增强抗病性。

（4）食心虫　①危害特征：大豆食心虫属鳞翅目卷叶蛾科。1年1代，大龄幼虫在豆茬田越冬，8月上旬产卵，幼虫蛀食豆荚和豆粒。②防治方法：可在食心虫化蛹和羽化时多中耕消灭蛹和幼虫，在田间插一定数量一端蘸有敌敌畏的高粱秆等进行熏蒸。释放赤眼蜂灭卵。

（5）小地老虎　①危害特征：小地老虎3龄前的幼虫大多在植株的心叶里，也有的藏在土表、土缝中，昼夜取食植株嫩叶。4～6龄幼虫白天潜伏浅土中，夜间外出活动危害，尤其在天刚亮多露水时危害最重，常将幼苗近地面的茎部咬断，造成缺苗断垄。②形态特征和生活习性：

小地老虎成虫体长16～23毫米，翅展42～54毫米，深褐色。前翅由内横线、外横线将全翅分为三部分，有明显的肾状纹、环形纹、棒状纹，有两个明显的黑色剑状纹。后翅灰色无斑纹。幼虫体长37～47毫米，灰黑色，体表布满大小不等的颗粒，臀板黄褐色，有两条深褐色纵带。地老虎喜欢温暖潮湿的气候条件，发育适温为13～25℃。③防治方法：利用成虫对黑光灯和糖、醋、酒的趋性，设立黑光灯诱杀成虫。用糖60%、醋30%、白酒10%配成糖醋诱杀母液，使用时加水1倍，再加入适量农药，于成虫期在菜地内放置，有较好的诱杀效果。

（6）毛豆病虫害绿色防控措施　鲜食毛豆病虫害防治坚持“预防为主，综合防治”的植保方针，贯彻绿色植保的理念，综合运用农业、物理、生物、化学等施，控制病虫为害。

① 农业防治。选用抗（耐）病虫品种，采用轮作换茬、配方施肥、合理密植等农业措施，培育壮苗，增强植株抗（耐）病虫能力。

② 物理防治。利用黄色粘虫板诱杀烟粉虱、有翅蚜；利用杀虫灯诱杀金龟子、棉铃虫、斜纹夜蛾等鳞翅目成虫。

③ 生物防治。利用蜘蛛、瓢虫、草蛉、寄生蜂等自然天敌控制田间害虫种群，如人工释放赤眼蜂。此外，还应推广生物制剂治虫防病，如天然除虫菊酯防治豆蚜；阿维菌素、Bt制剂、核型多角体病毒防治斜纹夜蛾、甜菜夜蛾、豆荚螟等鳞翅目幼虫；苦参碱防治烟粉虱等。

④ 化学防治。根腐病用43%好力克（戊唑醇）3000倍液或70%甲基硫菌灵1000倍液淋根；炭疽病用32.5%阿米妙收（苯甲·嘧菌酯）1500倍液喷雾或10%世高（苯醚甲环唑）1500倍液对茎叶喷雾；锈病用50%翠贝（醚菌酯）3000倍液喷雾茎叶；霜霉病用72.2%普力克（霜霉威盐酸盐）800倍液或60%百泰（唑醚·代森联）2000倍液喷雾；病毒病用20%病毒A500倍液或1.5%植病灵Ⅱ号1000倍液叶面喷雾；蚜虫、烟粉虱、蓟马用4%阿维·啶虫脒2500倍液、25%阿克泰（噻虫嗪）5000倍液、10%烯啶虫胺2000倍液或2.5%联苯菊酯1500倍液喷雾；红蜘蛛用1.8%阿维菌素2000倍液或5%氟虫脲1000倍液喷雾防治；斜纹夜蛾、甜菜夜蛾、卷叶螟、豆荚螟、棉铃虫等钻蛀或食叶害虫用20%氯虫苯甲酰胺5000倍液或4.7%甲维盐5000倍液喷雾防治；蜗牛、蛞蝓每667平方米用6%四聚乙醛（密达）颗粒剂1千克于傍晚撒施在植株周围。

第五章

荷兰豆绿色生产技术

荷兰豆属软荚豌豆，俗称食荚菜豌豆，是豆科豌豆属一年生或越冬草本植物。原产欧洲南部、地中海沿岸及亚洲中西部，纤维很少，嫩荚可食，甜脆可口，主要采收嫩豆荚，成熟时荚果不开裂。目前已是我国西菜东调和南菜北运产业的主要品种之一。荷兰豆的嫩荚、嫩梢、鲜豆粒及干豆粒均可食用，生食、熟食各具风味，是唯一能充当水果生食的豆类特菜，也是涮火锅的珍品菜。软荚豌豆传入我国的历史悠久，最早在汉朝就有栽培，且分布较广泛，但分布不均，主要分布在长江以南各地区，尤其东南沿海各省及西南地区如广东、广西、四川和云南等省、自治区普遍栽培。过去北方地区很少栽培，商品生产更少见。自改革开放以来，华北、华东和西北地区作为名优特奇蔬菜引进栽培，并开始逐年扩大种植面积，利用南北气候互补的特点进行反季节栽培，实现周年生产，不仅受到宾馆、饭店的欢迎，而且也深受广大人民群众的青睐，成为名优高档蔬菜。我国山东各地栽培的荷兰豆主要用于出口创汇，经济效益可观。甘肃省已有周年产荷兰豆的生产基地，产品远销上海、广州、深圳等南方各大城市，还出口日本、韩国等国家。

荷兰豆的营养价值很高，每100克鲜嫩荚果中含水分70.1～78.3克、蛋白质5.9～6.6克、碳水化合物9.5～11.9克、脂肪0.4克、纤维素1.2克。还含有多种维生素，其中胡萝卜素0.38毫克、维生素$B_1$0.5毫克、维生素$B_2$0.19毫克、维生素C28毫克、尼克酸1.6毫克。在所含的矿质元素中，钙为17毫克、磷90毫克、铁0.8毫克，可提供 334 千焦的热量。

荷兰豆的鲜荚质脆清香，风味鲜美，主要用于清炒、荤炒和做汤，有些品种还可生食或做凉拌菜，与其他红、绿、白色蔬菜及肉食做成拼盘，更是色、味、营养俱佳的上等菜肴。荷兰豆也可腌渍，又是加工罐头或速冻蔬菜的主要原料，远销海内外。它的嫩梢也是炒食和做汤的优质鲜菜，广东称为“龙须菜”，四川称为“豌豆尖”。

一、荷兰豆对环境条件的要求

荷兰豆属半耐寒性作物，冷凉、湿润、短日照的气候条件有利于其生长发育，荷兰豆对土壤条件的适应性较强。

（一）温度

荷兰豆喜冷凉。在不同的生育时期对温度有不同的要求。种子发芽的最适温度为 16～18℃，在 1～5℃的低温条件下出苗率低，出苗缓慢。在 25℃以上的高温条件下，出苗率也会下降，而且种子容易霉烂。荷兰豆的幼苗较耐寒，可忍耐短时间的－6℃的低温。营养生长适温为 15～18℃，豆荚形成期适温为 18～20℃；温度高于 25℃，豆荚虽然能提早成熟，但品质变差，产量降低。

（二）光照

荷兰豆是长日照作物，多数品种在延长光照时可提早开花，缩短光照则延迟开花。在较长日照和较低温度同时作用下，花芽分化节位低，分枝多；长日照与高温同期时，分枝节位高。因此，春季栽培时，如果播期晚，则开花节位升高，产量下降。但有些早熟品种对光照时间长短的反应迟钝，即使秋季栽培，也能开花结荚。一般品种，在结荚期间都要求较强的光照和较长的日照时间，但温度不宜过高。

（三）水分

荷兰豆在整个生育期间，都要求较高的空气湿度和充足的土壤水分。在种子发芽过程中，需要吸收大量水分，如果土壤水分不足，则出苗慢而不整齐。在开花期如果遇到空气湿度过低，会引起落花落荚；在结荚期若遇高温干旱，会使豆荚硬化，提前成熟，从而降低产量和品质。因此，在整个生长期间，都应供给充足的水分，保持土壤湿润，才能使荷兰豆荚大粒饱，高产优质。但荷兰豆又不耐涝，如果土壤水分过多，在出苗前容易烂种，苗期容易烂根，抽蔓至开花期容易引起病害和落花。

（四）土壤和养分

荷兰豆对土壤条件要求不严格。但高产优质栽培，应选择疏松肥沃、富含有机质的中性土壤。荷兰豆适宜 pH 值为 5.5～6.7 的土壤，如果 pH 值低于 5.5，易发生病害，根瘤菌的发育受到抑制，难以形成根瘤。酸性过大的土壤，可施石灰中和。荷兰豆忌连作，轮作年限要求间隔 4 年。荷兰豆虽然有根瘤，但在苗期固氮能力较弱，必须供给较多的氮素养分。据测定，荷兰豆正常生长发育所吸收的氮、磷、钾比例为4∶2∶1。所以，荷兰豆施肥应以有机肥作基肥为主，配合施用磷肥，还可使用根瘤菌拌种。在基肥中混拌少量速效氮肥，既可促进幼苗生长，又有利于根瘤菌的生长繁殖，对提高产量和品质有重要作用。

二、优良品种

荷兰豆按其茎的生长习性可分为蔓生、半蔓生和矮生3种类型。

（一）蔓生种

1. 饶平大花

广东饶平县地方品种，植株蔓生，株高2～2.5米，节间10厘米，从第10～12节位开花结荚，花紫红色，荚长10～12厘米、宽2.5厘米。每株结荚20个左右。嫩荚品质好，稍弯。从播种到始收嫩荚75天，抗白粉病能力强，每667平方米产量可达800千克左右。

2. 松岛三十日

引自日本。蔓长约1.5米。花白色，双花双荚。豆荚中型，长约8厘米、宽1.5厘米左右。豆荚形状平直，鲜绿色，品质上等，耐贮藏，加工后外观好看。该品种适应性强，耐病、耐热，在高温条件下能正常开花，结荚良好，适合夏季栽培。

3. 抗病大荚豌豆

从日本引进的抗白粉病的荷兰豆品种。始花发生在第

13～14 节，花红色。豆荚绿色，荚长 12 厘米、宽 2.5 厘米，品质优良。春播时从播种至初收约需 85 天。

（二）半蔓生种

1. 子宝三十日

从日本引进的优良品种。半蔓生种，蔓长期 1.0～1.2 米，分枝性强。花白色呈双生，一般出苗后 30 天可出现初花。豆荚小型，长约 6.5 厘米，鲜绿色，品质脆嫩，风味好。其花梗部位质脆，容易采收。该品种耐寒能力强，也耐高温，在夏季高温条件下结荚良好，春、夏季均可栽培。

2. 阿拉斯加

自美国引进。株高 1 米，白花，嫩荚绿色，平均荚长 6.0 厘米、宽 1.5 厘米，种子圆形，早熟，抗旱，但不耐寒。该品种从播种到收获嫩荚需 60～65 天，到种子成熟需 85～90 天。

3. 京引 92-3

引自日本。植株生长较繁茂，分枝多。结荚部位较低，始花着生在第 4～5 节。花白色。嫩荚青绿色，肉厚，品质较好。春、秋季均可栽培，春季栽培时，从播种至初收约 80 天。该品种早熟，抗病，耐寒力较强。

4. 夏浜豌豆

引自日本。株高 70～90 厘米。花红色。荚中等大小，纤维少，品质好。耐热性较强，在夏季高温条件下坐荚良好。该品种适应性强，除春季栽培外，还可在秋季保护地栽培，7～8 月份播种，11～12 月份采收。

（三）矮生种

1. 食荚大菜豌 1 号

由四川省农科院作物研究所选育。矮生，不需搭架，株高 60～70 厘米，株型紧凑，节间密，花白色，双荚率高，每株可结嫩荚 10～12 个，多的可达 20 多个，荚长 12～14 厘米、宽 2.5～3.0 厘米。荚绿色。中早熟，从播种到始收 75 天左右，在华北地区栽培生育期 80～90 天，每亩产量 750～1000 千克，种子白色，扁圆形，百粒重 31 克。该品种由于适应性强，荚粒兼用，适合消费者口味，所以推广面积较大。

2. 矮生大荚荷兰豆

抗病性较强。株高 60～75 厘米，生长势中等，茎叶较大，始花节位较低，花白色，荚宽大扁平，一般荚长 10～12 厘米、宽 2.5～3 厘米，纤维少，质软。从播种至嫩荚采收约 80 天。每亩产鲜荚 750 千克。

3. 京引 91-1

从日本引进，株高 70～80 厘米，分枝 2～3 个，初花节位在第 5～9 节。花白色。嫩荚圆柱形，种子排列紧密，粒大肉厚，质爽脆，味甜，可生吃，品质上等。春播时，从播种至初收约 80 天，可延续采收 20 天左右。该品种对白粉病抗性强，耐寒、耐湿。

4. 京引 92-2

引自日本。株高 70～80 厘米，分枝 1～2 个，初花节位在第5～6节。嫩荚深绿色，圆柱形，肉厚味甜。干种子绿色。从播种至初收约70天，春播时可延续采收20天；秋播时如果管理好，可延续采收60天。

三、荷兰豆栽培季节与绿色生产技术要点

荷兰豆适宜在较凉爽的季节或环境条件下栽培，主要栽培季节以春、秋季栽培为主，比较冷凉的地区也可以春夏播种、夏秋季收获。南方除夏季不栽培外，四季均可排开栽培。随着节能日光温室的发展和遮阳网栽培技术的普及，我国一年四季均可满足荷兰豆的生产条件。

（一）栽培季节

1. 春播夏收

我国南方和北方地区均可实行春播夏收栽培。在北方春播栽培时，要在不受霜冻的前提下尽量争取及早播种，因为早播可以有更长的适宜生长季节进行充足的营养生长及分枝，增加生物量，结荚多而肥大，达到增产增收和优质的生产目的。北方春播栽培在土壤解冻后即可进行播种，这时土壤墒情好，有利发芽，一般露地在3月中旬播种。但近几年，倒春寒天气频繁，可适当推迟几天播种。塑料大棚可提早播种10～15天，日光温室栽培主要从经济效益出发，确定栽培季节。

2. 夏秋播种冬季收获

少数地方实行，需在苗期加强管理。

3. 秋播冬春收获

在我国南方各省大都秋播春收，长江以南地区实行秋播的，播期因地区不同而不同，应根据本地气候条件适时播种栽培。播种过早，前期茎叶生长过于茂盛，冬季易受冻害，播种过迟，根系尚未充分生长发育，严寒到来时，植株生长不良，大大降低产量。

长江流域及以南地区，可在秋、冬、春三季栽培：①越冬栽培。于10月下旬至11月上旬排开播种，越冬后，于次年4月下旬至6月上旬陆续采收上市。②春季栽培。于2月中下旬播种，5月中旬至6月中旬采收上市。③秋冬栽培。8月中下旬播种，10月下旬至次年3月份采收。在高山较冷凉地区，也可于春、夏两季栽培，于3月至4月中旬播种，5月下旬至7月采收。

（二）栽培模式

1. 单作

荷兰豆忌连作，故单作时一定要合理轮作倒茬，连作条件下，豌豆根系分泌一种有毒物质，对后茬豌豆有毒害，另外，连作可使豆科作物分泌的有机酸不断累积，从而抑制根瘤发育，而且连作导致病虫害加重。尤其对白花品种更应注重轮作。一般实行4～5年轮作制为宜。

2. 混作

荷兰豆可与小麦、大麦、油菜、蚕豆和大豆等作物混作。这种栽培模式目前在我国北方春播地区普遍采用。混作作物应选择与豌豆空间、时间和营养互补，且抗倒伏能力强的作物品种。混作中确定两种作物适合的播种比例，这样对两种作物都有利。两种作物的种植比例应根据土壤肥力、品种类型和地区气候条件而定。一般豆麦比为2∶8为好。土壤肥力差时应适当增加豆的比重，豆麦比以4∶6为宜。

3. 间套作

荷兰豆也适宜与一些高秆宽行作物如玉米、高粱和马铃薯等间套种植，常采用宽窄行种植，一般窄行行距33厘米、宽行行距83厘米，中间套种间作2行荷兰豆或甜脆豆，行距17厘米左右。这种栽培模式可免去蔓生种的搭架，直接利用高秆作物茎秆攀缘上架。荷兰豆还可与小麦、大豆套种。与小麦套种80厘米种4行小麦、2行豌豆，种植比例为2∶4。与大豆套种种植比例为4∶2，即4行豌豆、2行大豆，豌豆行距30厘米，大豆行距50厘米左右，晚熟品种可适当加大行距。

（三）栽培方式

1. 改良阳畦起垄覆膜栽培

在春秋季节在阳畦采用起垄覆膜栽培方式。长江流域，春季2月中下旬播种，5月上、中旬至6月中旬可收获。秋季8月中旬播种，10月下旬至12月中下旬收获。

2. 春秋季大棚栽培

在塑料大棚起垄覆膜栽培，早春2月下旬播种，5月上旬至6月中旬收获。秋季8月上旬播种，10月上、中旬至11月上旬收获。

3. 春季露地栽培

3 月下旬播种，5 月下旬至 6 月中旬收获。

4. 冬季日光温室起垄覆膜栽培

夏季冷凉地起垄覆膜栽培。选择夏季气候凉爽的高山、半高山栽培，一般 4 月下旬至 5 月上旬播种，7 月上旬至 9 月份收获。

5. 节能日光温室栽培

四季均可排开栽培，但夏季需扣遮阳网栽培。

（四）露地绿色生产技术

1. 合理轮作倒茬

因荷兰豆根部的分泌物会影响根瘤菌的活动和根系生长，引起生长发育不良，所以不要与豆科作物连作，以进行 3～4 年的轮作为宜。尤其白花品种比紫花品种更忌连作，轮作年限应再长些。荷兰豆还可与蔬菜或粮食作物进行间套栽培。我国南方各省大多将荷兰豆作为水稻、甘薯、玉米的前后作，或者与小麦混种。在北方它适于在畦埂种植或与茄果类及瓜类间作，特别适宜与玉米等高秆作物间作套种。

2. 整地施肥

荷兰豆的主根发育早，生长迅速。通常在播种后 6～7 天、幼苗出土之前，主根即可伸长 6～8 厘米；幼苗出土时，就可长出 10 多条侧根。在整个幼苗期，根系的生长速度也明显快于地上部分。但是，荷兰豆的根系与其他豆类作物相比，还是较弱小的。因此，为了促进根系的发育，必须创造一个良好的土壤环境。要做到精细整地，早施基肥，以保证苗全苗壮。在北方春播时因播期较早，应在头年秋天整地施肥。前茬作物收获后，每 667 平方米施用有机肥 3000～5000 千克、过磷酸钙 50～100 千克、硝酸铵 10～15 千克、氯化钾 15～20 千克，将化肥与有机肥混合普施，深耕整平做畦。畦田规格可按荷兰豆的类型确定，矮生种荷兰豆畦宽可为 100 厘米或 150 厘米；蔓生种畦宽可为 160～200 厘米。夏季播种的宜做成高畦，防止在雨季畦面积水，播种前应灌足底水。

3. 播种育苗

（1）种子处理　播种前应精选大粒饱满无病虫斑的种子，这是保证苗全、苗壮和丰产的主要环节。可用盐水筛选法精选种子，具体方法是：把种子倒入 40%的盐水中搅拌，捞出漂浮在上面的不充实种子，沉下的好种入选。播前可用二硫化碳熏蒸种子 10 分钟，以防病虫害，或用 50℃的温水浸种 10 分钟。有条件的地方，可采用干燥器空气温热处理种子，处理温度为 30～35℃。通过温热处理能使种子完成后熟过程，打破休眠期，这样出苗整齐、幼苗健壮、花芽分化早、产量也比较高。接种根瘤菌有利于增产。播种前用根瘤菌拌种，方法是，在采收荷兰豆之前，选无病、根瘤多植株，洗净后放置在 30℃以下的温室中风干，将根系剪下捣碎，装袋存放在干燥处，播种前将根瘤用水浸湿，取 25～30 克，可拌种 10 千克。或用 0.01%～0.03%的铜酸铵，或用 0.15%～1%的硫酸铜浸种，可促进根瘤菌的生长发育、增加根瘤的数目、提早成熟、增加前期产量。由于豌豆在低温长日照条件下能迅速生长发育，开花结荚，所以也可对种子进行低温长日照处理，豌豆一般经5℃左右的较低温度处理，便可有效促进发育。低温处理前需浸种催芽。方法是：在播种前先把种子浸入水中，使种子充分吸水湿润，每隔9小时用井水温度的水浸1次，约经20小时，催芽10天，芽长5厘米时取出播种。

（2）直播　荷兰豆主要采用园田直播。播种期主要根据不同栽培季节来确定。播种量是，矮生种每亩用种8～10千克，蔓生种每亩用种5～8千克，同时要按种子千粒重的大小酌情增减。播种方法：矮生种，畦宽100厘米的，每畦可种2行，畦宽150厘米的，每畦种3行，按行距40～45厘米开沟条播。蔓生种，畦面较宽，每畦播双行，开沟后按株距10厘米穴播，每穴播2～3粒种子。播种后覆土3～4厘米厚。

（3）育苗　荷兰豆也可以育苗移栽，苗龄25～30天，苗高12～15厘米，具4～5片复叶时即可定植。育苗移栽可提早采收，增加产量，在人力较充裕时可以采用。

4. 田间管理

（1）中耕除草　幼苗出齐后，应及早中耕、松土，以提高地温和保持土壤水分，有利于土壤微生物的活动，促进幼苗生长，并可控制杂草滋生。一般结合灌水中耕1～2次。南方秋播中耕时需培土，有利于幼苗越冬。固定苗株，以防倒伏及露根，一般在株高5～7厘米时进行第1次中耕，株高10～15厘米时进行第2次中耕，结合进行培土。第3次中耕要根据荷兰豆生长情况，灵活掌握。后期茎叶繁茂，中耕易损伤植株，对垄畦草可人工轻轻拔除。

（2）追肥　荷兰豆除施基肥外，还要进行适当的追肥，苗期适当追施氮肥，促进生根和茎叶生长，生长后期应以磷肥和钾肥为主，特别是磷肥。因为荷兰豆对不易溶解的磷肥有较高的利用率。磷肥可以促进荷兰豆籽粒成熟，还可以改善其品质，施用后增产、改善品质效果显著。一般第1次追肥在苗高5～10厘米时进行。吐丝期结合灌水每亩施尿素10～20千克，也可用人粪尿追肥。开花结荚期可结合浇水追施适当氮肥和磷肥，增加结荚数，也可用浓度为500～1000倍的磷酸二氢钾叶面喷施，对改善籽粒品质和增产都有效果。另外，豌豆在开花结荚期根外喷施磷肥及硼、锰、钼、锌等微量元素肥料，增产效果十分显著。

（3）灌溉与排水　荷兰豆耐旱性差，整个生育期需要较适宜的空气湿度和土壤湿度。在生长期间应注意水分的管理。播前浇足底水。播种后如遇干旱，需及时浇水，以利幼苗出土。苗期一般较耐旱，需水量比较少，可适当浇1次水，每次浇水后及时中耕松土。进入开花结荚期，需水量增加，不可缺水，可根据土壤墒情3～4天浇1次水。浇水应结合追肥进行。对灌溉的次数没有严格规定，土壤干旱就要随时浇水，特别是进入花荚期之后，要保证鼓粒灌浆对水分的需要。一般干旱时于开花前浇1次水，结荚期浇水2～3次。荷兰豆也不耐涝，如遇大雨要及时排出田间积水，以免烂根。

（五）日光温室绿色生产技术

1. 冬茬、早春茬栽培

（1）育苗　荷兰豆温室栽培可选用较耐低温、抗病、产量高、豆荚品质好、外形美观的品种，如台中 11 号、食荚大菜豌、法国大荚等。通常采用育苗移栽，而培育适龄壮苗是食荚豌豆获得优质高产的重要环节之一。适龄壮苗应具有 4～6 片真叶，茎粗节短。达到这样的苗龄在高温下（20～28℃）需 20～25 天，适温下（16～23℃）需 25～30 天，低温下（10～17℃）需 30～40 天。各茬次的育苗时期可根据定植期、温室的温度状况来具体确定。一般早春茬栽培是在秋冬茬茄果类、瓜类或其他蔬菜拉秧后栽培，拉秧期在 1 月中下旬至 2 月上、中旬，故早春茬荷兰豆的播种期为 12 月中旬至翌年 1 月上旬左右，冬茬栽培荷兰豆主要以供应春节前后为生产目的，播种期应比早春茬早，比秋冬茬晚，一般在 10 月上中旬播种育苗或直接栽培。11 月上、中旬定植。按大棚早春茬的育苗床土要求配制营养土。采用营养钵、纸袋或营养土方等护根育苗方式。播前浇足底水，干籽播种，每穴点 2～4 粒种子。播后温度掌握在 10～18℃，以利快出苗和出齐苗。温度低发芽慢，温度过高（25～30℃）发芽虽快，但难保全苗。子叶期温度 8～12℃为宜。定植前应使秧苗经受 2℃左右的低温，以利其完成春化阶段发育。

（2）整地做畦　每亩铺施优质农家肥 5000 千克、过磷酸钙 40～50 千克、草木灰 50～60 千克，深翻 20～25

厘米与土充分混匀。耙细整平后做畦。单行密植时，畦宽1米，栽1行；双行密植时，畦宽1.5米，栽2行；隔畦与耐寒叶菜间套作时，畦宽1米，栽2行。

（3）定植　定植时畦内开沟，沟深12～14厘米，单行密植穴距15～18厘米、亩栽3000～3600穴，双行密植穴距21～24厘米、亩栽4500～5000穴。隔畦间作时穴距15～18厘米，亩栽6000～7000穴。坐水栽苗，覆土后耙平畦面。

（4）田间管理　①温度管理：定植后到现蕾开花前，温室白天超过25℃放风，不宜超过30℃，夜间不低于10℃。整个结荚期以白天15～18℃、夜间12～16℃为宜。②水肥管理：浇定植水后，一般不再浇缓苗水。现花蕾后随水冲1次粪稀或化肥，每亩用复合肥15～20千克。随后锄松地表进行1次浅中耕，以控秧促荚。第1花结成小荚至第2花谢标志着进入结荚开花盛期，此时需肥水量较大，一般每10～15天喷1次肥水，每亩每次用氮磷钾复合肥15～20千克，或尿素10～15千克、过磷酸钙20～25千克，并每亩追施草木灰50千克补充钾素。此期缺肥少水会引起大量落花、落荚。③支架：荷兰豆茎蔓柔软中空，很易折断，同时其茎蔓既不像菜豆、豇豆能自己缠绕，也不像黄瓜茎蔓易人工绑扎，因而当植株生长到卷须出现时，需用竹竿与绳结合的方法来支架。方法是每米插一竹竿，竹竿上下每半米左右缠绕一直绳，使豆秧互相攀缘，再用绳束腰固定。

（5）采收　多数品种开花后8～10天豆荚停止生长，

种子开始发育，此为嫩荚收获适期。有时为稍增加一些产量，等种子发育到一定程度再采收，但采收过晚豆荚品质变劣。

2. 秋冬茬栽培

秋、冬两季温室栽培荷兰豆，既可育苗移栽，也可以直接播种。由于大多数地区秋苗有一段时间是在露地生长，苗期又正值高温、高湿、多雨的季节，所以在栽培技术上主要应注意掌握两个环节。

（1）播种深度　为防止暴雨冲刷和出现干旱，穴播后宜大量覆土，覆土厚度可达 9 厘米左右，受暴雨拍击或临近出苗前，可铲去 3～4 厘米厚的土层，以保证全苗。

（2）扣膜时间　荷兰豆苗期要在 2～5℃条件下，经过一段时间的低温，才能完成春化阶段发育，这是开花结荚的前提条件，另外，荷兰豆也比较耐低温，因此扣膜时间不宜过早。一般在气温降至 3～4℃时扣膜比较适宜。扣膜初期，室内温度明显升高，每天要较长时间大放风，使秧苗逐渐适应温室内的条件。秋、冬两季日光温室栽培荷兰豆的肥、水管理，温度控制及支架、采收等与冬季和早春栽培基本相同，可根据具体情况灵活掌握。

四、荷兰豆主要病虫害及农业防治

（一）白粉病

1. 发病症状

白粉病为真菌性病害。病原菌为害叶、茎蔓和荚果。

感病初期，叶片出现淡黄色小点，其后在发病部位产生白色粉末状物，扩大后呈不规则形粉斑，并迅速蔓延至全叶，似覆盖一层面粉，故称白粉病。发病后期，病部散生黑色小粒点。受害的叶片很快枯黄，叶片脱落。茎荚受害时亦出现白色粉斑，严重时茎部枯黄，豆荚干缩。

2. 发生特点

病原菌以菌丝体附生在寄主表面，以吸器伸入表皮细胞内吸取养分。分生孢子椭圆形，无色，单孢串生在梗上。以闭囊壳随病残体在土表越冬，环境适宜时散发囊孢子，为初染源。在温暖无霜地区或棚室内，分生孢子和菌丝体可终生存活。分生孢子在田间通过气流传播，造成再侵染。分生孢子萌发的温度范围为10～30℃，最适温度为22～24℃，最适相对湿度98%，在昼夜温差大和多雾、气候潮湿的条件下，有利于该病的发生。干旱但早晨露水大时也会发病。

3. 防治方法

注意清除田间病残株；加强栽培管理，保证植株健壮生长，提高抗病能力；在低洼田块，应进行高畦深沟整地，做好排渍降湿，及时插架引蔓，防止植株倒伏。

（二）细菌性叶斑病

1. 发病症状

本病为害荷兰豆的叶片、茎和荚。叶片发病，产生水渍状、圆形至多角形紫色斑，半透明。湿度大时，叶背现白至奶油色菌脓，干燥条件下产生发亮薄膜，叶斑干枯，变成纸质状。茎部染病，初生褐色条斑。花梗染病，可从花梗蔓延到花器上，致花萎蔫，幼荚干缩腐败。荚染病，病斑近圆形稍凹陷，初为暗绿色，后变为黄褐色，有菌脓，直径3～5毫米。

2. 发生特点

此病由丁香假单胞菌致病变种侵染所致。病原菌在荷兰豆、蚕豆种子里越冬，成为翌年主要初侵染源。植株徒长、雨后排水不及时、施肥过多易发病，生产上遇有低温障碍，尤其是受冻害后突然发病，迅速扩展。反季节栽培时易发病。

3. 防治方法

（1）建立无病留种田，从无病株上采种。

（2）种子消毒。用种子重量0.3%的50%甲基硫菌灵可湿性粉剂拌种。也可进行温汤浸种，先把种子放入冷水中预浸4～5小时，移入50℃温水中浸5分钟，后移入凉水中冷却，晾干后播种。

（3）避免在低湿地种植豌豆，采用高畦或起垄栽培，注意通风透光，雨后及时排水，防止湿气滞留。

（三）褐斑病

1. 发病症状

主要为害叶、茎蔓和豆荚。在叶片上病斑圆形，淡褐色至黑褐色，边缘明显。茎上病斑椭圆形或纺锤形，凹陷。豆荚上病斑圆形，深褐色至黑褐色。各部位的病斑上均产生黑色小粒点（分生孢子器）。

2. 发生特点

病原菌主要以菌丝体和分生孢子在种子、土表和病残体上越冬，通过雨水和借风雨传播。植株发病后、病部可再形成分生孢子器和分生孢子，造成再次侵染。病原菌发育的温度界限为 8～33℃，适宜温度为 15～26℃，高温、高湿有利于该病的发生和蔓延。

3. 防治方法

选用抗病品种，实行合理轮作倒茬，精选无病种子，加强田间管理。

（四）黑斑病

1. 发病症状

荷兰豆黑斑病为真菌性病害。病原菌为害叶、茎蔓及荚果。茎感病多发生在基部，发病部位紫褐色或黑褐色，向四周扩展环绕茎部，常使叶片黄化，发病严重时造成整株死亡。受害的叶片初生黑褐色斑点，扩大后呈圆形病斑，周缘淡褐色，中央黑褐色或黑色，病斑上有 2～3 个不规则轮纹。荚果受害后黑褐色或褐色，圆形，病斑上常有分泌物溢出，干后变粗糙呈疮痂状。

2. 发生特点

病原菌主要以菌丝体在种子上越冬，也可以子囊果或分生孢子器随病株残体在土表越冬，当环境适宜时，子囊果形成子囊孢子，分生孢子器形成分生孢子，借风雨传播，成为再次侵染源。荷兰豆播种过早，土壤湿度过大，施氮肥过量使植株发生徒长，或遇低温冷害侵袭等条件下易发病。

3. 防治方法

选用无病种子，进行种子处理，合理轮作，采用栽培措施防治。选择排水良好的地块种植，采用高垄栽培，增施钾肥，提高植株抗病性。此外平时要搞好环境卫生，清除病残杂叶和底部老叶，改善田间通风透光条件。

（五）锈病

1. 发病症状

发病初期叶片和茎上出现小黄白点，后变黄褐色，有晕圈，扩大后表皮裂开散出红锈褐色粉末，严重时叶片枯死。主要为害叶，植株其他部位也可发病。

2. 发生特点

在遭受低温冷害侵袭、土壤湿度过大、施氮肥过量使植株发生徒长等条件下易发生该病。

（六）豆荚螟

1. 危害特点

豆荚螟在长江中、下游地区一年发生 4～6 代，均以老熟幼虫在大豆本田及晒场周围土中越冬。每头雌蛾可产卵 80～90 粒，卵主要产在豆荚上，2～3 龄幼虫有转荚危害习性，幼虫老熟后离荚入土，结茧化蛹。

2. 防治方法

消灭越冬虫源，及时翻耕整地，可大量杀死越冬幼虫和蛹。有条件地区，采用冬、春灌水，也可杀死越冬幼虫。在成虫产卵盛期释放赤眼蜂灭卵，可控制豆荚螟为害。

五、荷兰豆绿色防控技术

（一）农业防治

（1）重病田与非豆科作物轮作。

（2）烟叶采完后及时打尽小杈，清除杂草，采摘夜蛾科害虫卵块及初孵幼虫群集的叶片；及时将病叶、病残体清出田外，把清洁田园的杂草、病残体等集中深埋，达到减少田间虫口基数和减少田间菌源基数的目的。

（3）豌豆出苗后及时追肥，亩用5～8千克高含量复合肥兑水浇施，采荚期追肥时使用水溶肥，切忌偏施氮肥。

（4）苗高20厘米及时挂线引蔓，挂线晚则造成植株倒伏，造成病害早发加重。

（二）物理防治

豌豆作为连续采摘作物，建议在斑潜蝇以及蓟马成虫高峰期亩用15～20块规格为20厘米×30厘米诱虫板防治，实行整村整组推进，控制一定区域斑潜蝇以及蓟马成虫数量，减少施药次数，保障鲜食豌豆质量安全。

（三）化学防治

1. 种子处理

用种子重量0.3%～0.5%的福美双粉剂或70%甲基硫菌灵拌种，密闭48～72小时后播种，预防土传病害的发生。

2. 根腐病

豌豆出苗后亩用微生物杀菌剂根腐宝（解淀粉芽孢杆

菌＋木霉菌组成）60克或复合微生物菌剂黑腐清60克兑水喷雾。

3. 白粉病

可用12.5％腈菌唑或12.5％烯唑醇可湿性粉剂3000～4000倍液喷雾防治，间隔7～10天喷1次，连喷2～3次，注意轮换用药，减少抗药性。在引蔓期白粉病初发时也可用枯草芽孢杆菌防治。枯草芽孢杆菌具有较好的防病治病功能，也能增强植物自身对病害和逆境的抗性。

4. 豌豆褐斑病

发病初期喷洒50％苯菌灵可湿性粉剂1500倍液、40％多·硫悬浮剂800倍液、70％甲基硫菌灵可湿性粉剂500倍液、70％百菌清可湿性粉剂600倍液。隔7～10天防治1次，连防2～3次。

5. 豌豆锈病

祥云县烤烟田套种甜脆豌豆锈病始发期在11月中旬左右，为甜脆豌豆生长后期，需防锈病1～2次，可用12.5％腈菌唑或12.5％烯唑醇可湿性粉剂3000～4000倍液喷雾防治，避免田间锈病大流行，影响豆荚的产量和品质。

6. 夜蛾类

在3龄前点片发生阶段进行喷药，可用微生物农药Bt乳剂（苏云金杆菌乳剂）500～1000倍液，2.5％高效氟氯氢菊酯水乳剂20克或4％高氯·甲维盐微乳剂40～45克兑水45千克喷雾防治。

7. 斑潜蝇

施药时间为成虫高峰期、幼虫高峰期（成虫高峰期后10天出现幼虫高峰期），可采用黄板诱成虫，以及药剂防治幼虫相结合的措施，可施用1.8%爱福丁2500倍液、5%啶虫脒2000倍液或50%灭蝇胺5000倍液。

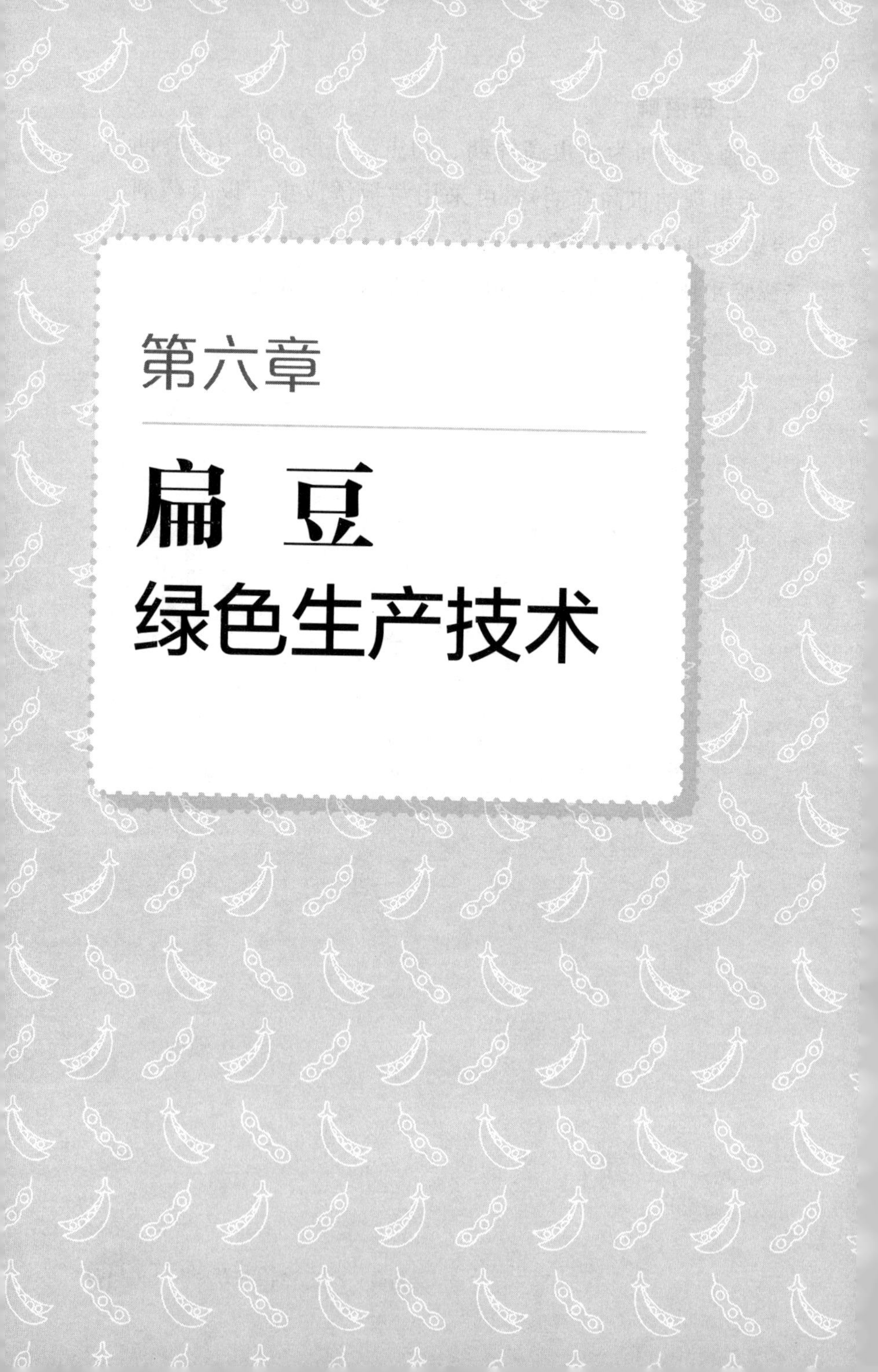

第六章

扁　豆 绿色生产技术

一、扁豆生产概况

扁豆，别名眉豆、娥眉豆、鹊豆、沿篱豆，为豆科菜豆族扁豆属植物中的一个栽培种，多年生或一年生缠绕藤本植物。扁豆主要以嫩荚供食。每 100 克嫩豆荚含水 89～90 克、蛋白质 2.8～3 克、碳水化合物 5～6 克。豆荚炒食、煮食有特殊的香味，也可腌制、酱制做泡菜或干制。成熟豆粒可煮食、做豆沙或豆泥。原产亚洲。主要分布在印度及热带国家，我国以南方栽培较多，华北次之，在自然情况下高寒地区栽培虽能开花但不结荚。扁豆是一种含蛋白质和胡萝卜素较高的蔬菜，病虫害较少，栽培容易，对调剂夏秋淡季蔬菜供应有一定的作用。

由于以前的扁豆品种是无限生长型，结荚迟、产量低，一般只在房前屋后或沿篱、沿墙种上几株，多为春播秋收，所以无法实行大面积规范化种植。近年来，随着广大农业科研人员和农技推广工作者的努力，适宜各地各种栽培类型的品种不断推出，打破了传统的栽培方式，连续采收达 6 个月，扁豆种植从一家一户的零星隙地种植逐步走向规模化生产，基本上实现了周年有扁豆上市，效益成倍提高。有些地区已成为农民无公害蔬菜生产的重要品种之一。

由于扁豆新品种的不断推出和人们对扁豆药、食兼用认识的不断提高，鲜扁豆市场需求量不断加大，并且扁豆容易加工，为大面积规模化种植提供了更广阔的市场前景。全国各地都有食用扁豆的习惯，特早熟扁豆比一般扁豆提早 100 天左右上市，并且连续采收达 6 个月之久，使鲜用扁豆市场扩大，菜市场的售价都很好，效益可观。

二、扁豆对环境的要求

扁豆喜温暖，较耐热，可在炎夏生长，能耐 35℃左右高温。生长发育适温为 23～25℃，13℃以下停止生长，遇霜冻则枯死。开花结荚最适温度 25～28℃，在 35～40℃高温下，花粉发芽力下降，容易引起落花落荚。种子发芽适温 22～23℃。在温暖多湿条件下生育良好，枝叶繁茂。开花期以后稍干燥条件下结荚率高。扁豆为短日性植物，短日照促进开花结荚。有些品种对光周期不敏感，故我国南北各地均能种植。扁豆较耐阴，根系发达，入土深，耐旱力强。对土壤适应性广，几乎在任何土壤条件下均能生长。但以保水保肥的腐殖质壤土最适宜。排水不良或重黏土地生长发育较差。扁豆忌连作，宜行 2～3 年的轮作。pH 的适应范围为 5.0～7.0。

三、扁豆优良品种

扁豆按茎的特征可分为蔓生和矮生种两类，我国普遍栽培的为蔓生种，矮生种早熟，但目前生产适用的优良品种较少。按荚的颜色分为白扁豆、青扁豆和紫扁豆 3 类。按花的颜色可分为红花扁豆与白花扁豆。主要品种有：

1. 红面豆

广东省地方品种，已栽培70余年。植株蔓生，分枝性强。茎紫红色，小叶深绿色，叶脉及叶柄紫红色。花及花枝均为紫红色。每花序有11～15个花，结3～5个荚。荚紫红色，长9厘米、宽2厘米，稍弯曲。种子扁圆，黑褐色。晚熟。结荚期长，3～4月播种，9月至翌年4月收获。

2. 猪血扁

我国南方地方品种，在上海、武汉、合肥栽培多年。植株蔓生，分枝性强。叶绿色，茎、叶脉、叶柄均为紫红色。花紫红色。荚短刀形，紫红色，长8～9厘米、宽2～2.5厘米。每荚种子4～5粒。品质佳，质地脆嫩、味香。晚熟。抗逆性强。

3. 红花一号扁豆

极早熟，耐寒性强、抗热、抗病。植株生长势强，株高3米，主茎分枝少，生长习性与豇豆相似，为直立缠绕性，宜密栽培。始花节位2～3节、花紫红色，荚近半月形，平均单荚长9厘米、宽3厘米，重8克。丰产性好，保护地栽培可于4月上市，有两次盛果期，可采收至11月霜降止，亩产2000～3000千克，栽培效益远远高于普通扁豆品种，适合春季保护地、霜地栽培，适应性广。长江流域早熟栽培适播期为2～4月，可育苗移栽，也可干籽直播。覆盖地膜，每畦定植（或直播）2行，株距30～40厘米，亩植3000穴左右，每穴2～3株。亩用种量2千克。当主蔓长至50厘米时摘心，促发下部花序，花蕾成形后，每花序留10个大蕾掐尖，以利早熟大荚高产高价。

4. 德扁二号

极早熟肉扁豆，肉质厚，品质好，耐寒性强，抗热、抗病。植株生长势强。株高2～2.5米，主茎分枝少，生长与豇豆相似，为直立缠绕性，始花节位2～3节，花白色，荚近半月形，鲜荚白绿色，坐果率高，平均单荚长8.5厘米、宽3厘米，重13克，丰产性好，保护期栽培可于4月上市，有两次盛果期，可采收至11月霜降止，亩产2500～3500千克，栽培效益远远高于普通扁豆品种。适合春季保护地、露地栽培。栽培要点：按1.4米宽刨沟划畦，覆盖地膜，每畦定植（或直播）2行，株距60厘米，亩植2000穴左右，每穴2株。亩用种量2千克。前期母蔓1.5米打顶尖，分枝留2个节整枝。以利通风透光，提高中后期产量。当主蔓长至50厘米时摘心，促发下部花序，花蕾成形后，每花序留10个大蕾掐尖，以利早熟大荚高产高价。

四、扁豆栽培季节与绿色生产技术要点

扁豆的栽培季节要根据气温情况和设施条件来确定。主要有以下几种栽培方式：

（1）早春大棚栽培　此方式是目前设施栽培中上市最早、效益最好的一种形式。采用双拱棚育苗（大棚内扣小拱棚），棚内温度达15℃时即可育苗。催芽后播种。

（2）日光温室越冬栽培　此方式效益较高，但是对温

室保温条件要求严格，栽培技术难度高。

（3）春季地膜覆盖早熟栽培　此方式比较普遍，采用棚内育苗，当棚外气温上升到15℃以上时，移栽到覆盖地膜的大田里。

（4）春季露地栽培　此方式必须在室外温度稳定在到15℃以上时采用。把干种子直播于苗床或营养钵，不需要催芽。

（5）夏季露地栽培　长江流域5～7月播种，华北地区多在6月底之前育苗，采收期至霜降；夏季栽培的密度可加大1倍。

（6）爬墙、爬树或爬地栽培　农村房前屋后空闲地栽培，也可以栽于阳台上；一般4～7月直播。这种方式栽培可整枝，也可不整枝。

（一）春夏露地扁豆绿色生产技术

1. 种植方式

多行晚春直播，或育苗移栽。不需要催芽。夏秋至早霜前陆续采收嫩荚。单作或与玉米间作，以玉米秸秆作支架，或与大蒜套作，也可种于田边地头。

2. 整地、施肥和作畦

田间种植，宜用平畦栽培，畦宽1.2米。扁豆对磷要求高，增施磷肥效果显著，氮肥在结荚以后追施效果好。因此，施用有机肥做基肥时，可同时将全部磷肥和40%的钾肥作基肥施入。一般播前每亩施腐熟的农家肥5000千克、过磷酸钙30千克、钾肥20千克，然后翻地、整平作平畦起垄。

3. 定植和田间管理

育苗移栽地温达 12℃以上时可露地定植，一畦栽两行，穴距 45～50 厘米。缓苗后每穴留壮苗 2 株；直播采取开沟或穴播，播深 5～7 厘米，播后宜以草木灰覆盖。夏季栽培密度可加大 1 倍。

（1）水肥的管理　苗期需水较少，蔓伸长后及结荚期需水较多。一般在蔓伸长期浇 1～2 水，花荚期在无雨情况下 10 天左右浇水。浇水后中耕除草，结合追肥，防止落花落荚和徒长。中耕宜浅，防止伤根，结荚前可施腐熟鸡粪等有机质肥料。

（2）搭架引蔓、整枝　抽蔓前要搭架，或抽蔓后及时用绳引蔓上树、上房。主蔓 5～6 片复叶时摘心，促使多发侧蔓，待侧蔓 3～4 片叶时再摘心，可提早开花结荚，但产量较低。一般若用篱架或人字架栽培，在茎蔓长到架顶时摘心，可促荚早熟。

（3）防治病虫害　扁豆的病害较少，虫害主要有蚜虫和红蜘蛛，可用低毒性药剂喷洒，及早防治。

4. 采收

扁豆生育期长，出苗后 60～65 天开花结荚，即可陆续采收嫩荚。可连续采收 90～120 天。一般每亩产嫩荚 1000～1250 千克。

（二）春露地极早熟扁豆绿色生产技术

1. 选择适宜品种

目前适于早熟栽培的品种主要有红花 1 号、白花 2

号、边红3号等。

2. 播种育苗

请参照当地早春豇豆（豆角）或四季豆的时间播种。如山东地区一般在3月中下旬，采用中、小棚育苗，谷雨前后移栽，地膜覆盖露地栽培，6月始收，10月下旬结束，设施条件好的地方可根据当地气温情况，播种提前或延后。

（1）催芽方法　扁豆种子不宜浸泡后催芽。但可以用清水湿润后，拌种子重量0.3%的多菌灵粉剂杀菌消毒。用矮边容器（塑料盆、木盆等），在盆内先平铺5～8厘米的湿润河沙，然后把拌了药剂的种子平铺在河沙上，再盖一层2厘米厚的湿润河沙，上面盖一层毛巾或棉布（起保湿作用），最后在盆口上盖一层薄膜，把盆放至温暖处（恒温箱、催芽室、火坑等），保持25℃左右催芽；每天检查1次，干燥时在毛巾上洒一些水，时常保持河沙湿润状态，3～7天即可出芽。大面积种植也可以直播，每穴2～3粒，定苗时保留1株。

（2）配好营养土　除直播大田不需育苗外，其他方式最好采用苗床育苗或营养钵育苗，这就需要配好营养土。营养土的配制方法视当地条件而定，但有一个原则是选择2～3年没有种过同类作物的土壤来配制营养土，以求减少病虫源。配制的营养土要求肥力好、土质疏松、通气性好。以土壤6成，腐熟的农家肥4成，加少量磷肥；如果土壤黏重，则掺入部分炉灰、草木灰；然后按每立方米营养土加入250克左右的杀菌剂，如多菌灵、敌克松等，同时还要加入适量的杀虫剂，如敌百虫粉剂。与营养土反复拌匀，用膜盖5～7天，让杀菌剂和杀虫剂充分杀死土壤中的病菌和虫卵。农家肥如粪肥、饼肥等必须充分发酵腐熟，否则会出现烧苗和坏根现象。在有机肥量足的情况下，配制营养土最好不用化肥。盖种必须用盖种土，不能用猪粪或细沙，因其不保湿，晴天时连种子一起干燥，造成不出芽；可预先把杀菌后的营养土过筛一部分（筛孔小于手指）备用盖种土。

（3）苗床管理　播种前应备好苗床，苗床必须高垄向阳，播种时保持苗床土或营养钵土湿润，湿润的标准是：抓一把土壤，捏得拢，随手丢在地上又散得开为度。切记避免苗床湿度过大，否则会造成烂种。播种后，早春栽培应盖好膜，根据当地气候情况采用双拱棚或单拱棚。出苗前一般不揭膜。如遇阴雨天时间长，应开棚通风，降低苗床湿度；如苗床土壤干白，应适当洒水。出苗后，晴天中午把棚的两头揭开，晚上和阴雨天把膜盖好。随着气温升高，应逐渐加长开棚时间。苗龄20天左右有2～3片真叶时即可移栽。栽大苗会明显影响产量。宜栽小苗，不宜栽大苗。

3. 移栽

移栽前要施足基肥，种植扁豆的田块，直播或移栽前要认真清理前季作物残留物，并深翻土壤，翻耕后晒土2～3天。施底肥时以农家肥为主，每亩加施复合肥50～100千克，撒施后耙平、整细土壤，尽可能使肥料落入底土层。然后整平土壤，覆盖地膜。打穴移栽，特早熟品种采用厢面 2 米包沟，双行单株栽培，株距 0.4～0.6 米，亩栽 1200～1500 株；早熟品种亩栽 1000～1200 株；中熟品种采用厢面 2.5 米包沟，双行单株栽培，株距 1 米左右，亩栽 600 株左右。也有厢面 2 米包沟，单行双株栽培；还有厢面 4 米包沟，两边栽扁豆，搭平架棚，在扁豆的前期生长阶段中间种植短期作物，可充分利用土地。为了抢前期的高价，提早前期产量，栽培密度可适当大一些，每亩可种 1500～2500 株，但中期要间株一半，即扯掉一半。用种量每亩 500～800 克。

4. 搭架、打顶、整枝

当扁豆苗长至 30 厘米左右时，应及时搭“人”字架，引蔓上架，架高 2 米左右。在架半高处加横架材，牢固架子，防藤蔓爬满后倒架。

当主蔓长至 0.5 米左右时，及时对主蔓打顶摘心，促发侧蔓和花絮枝；当侧蔓长至 0.5 米左右时，对侧蔓摘心，促发花絮和主蔓；当主蔓有 0.5 米左右时，对主蔓摘心，促发更多花絮枝；同时剪除无花絮的细弱懒枝及老叶病叶，保持良好的通风透光。特别是生长势强、分枝力强的品种更应剪除多余的无花絮枝，防止疯长情况出现。如果出现了疯长，则结荚推迟，产量大幅度下降。肉扁 6 号、翠绿 7 号、边红 8 号爬满架后，会有较多的侧蔓、主蔓产生，每隔几天用小竹竿或树枝打断嫩尖，会产生更多的花絮结荚。如果密度过高、肥水充足而出现了荫蔽，还应在 1.5 米左右高处剪断部分藤蔓；剪断多少，应根据具体情况决定，甚至可以拔除部分植株，降低密度，以达到通风透光为目的；荫蔽之处是不开花、不结荚的。

5. 肥水管理

由于扁豆结荚时间长，不断开花结荚，需要有足够的肥水才能保证其高产。开花前，一般追肥水2～3次，以腐熟人畜粪尿为好；当第一批扁豆荚能采收时，每亩追尿素10～15千克；之后，每采收1～2次扁豆，追肥水1次。对生长势强、分枝力强的品种要看苗施肥，如长势旺，可少施或不施，反之，则适当追肥。在整个坐果期每隔7～10天喷1次复方金叶肥，起保花保荚、加速小荚快长的作用。扁豆生长在春季和夏季雨水较多的季节里，要做到沟厢配套，达到水过沟干。扁豆苗期需水较少，开花结荚期需肥水较多。如遇干旱年份，要结合追肥浇水抗旱，或灌跑马水，厢面湿润后把水排出，防渍水沤根；遇到长时间雨天，要及时疏通厢沟，达到雨停沟干。

6. 及时采收

扁豆从开花到鲜荚上市需15～18天，鲜荚籽粒没有明显鼓起时采收，推迟采收会降低品质，同时影响上层开花结荚的养分供应。采摘时，要一手捏住花絮枝，一手轻摘，尽量不要损坏花絮枝，因为花絮枝会重新开花结荚。当气温超过37℃时，扁豆有谢花现象，开花少、不结荚；当气温回落后，花絮枝会重新开花结荚，新枝也会产生更多的花絮枝，直至霜降。

（三）大棚多层覆盖扁豆绿色生产技术

采用大棚多层覆盖扁豆栽培技术，使扁豆从常规露地栽培 9～11 月份采收嫩荚上市，提前至 5 月上、中旬采收上市，采收期提早近 4 个月，而早期扁豆嫩荚十分畅销，可显著提高扁豆的产出效益。

1. 培育壮苗

（1）选床施肥　选择地势高、排灌方便、保水保肥性能较好的非重茬田块作扁豆的育苗床地。在播前 15～20 天精心整地，并施足基肥。一般每 3.5 立方米施优质腐熟的人畜粪 100～120 千克、饼肥 1.2～1.5 千克、磷肥（P_2O_5 12%）0.5 千克，翻倒入土，达到无暗垡、土肥相融的要求。然后制成直径为 7 厘米的营养钵，同时用竹片和聚乙烯无滴膜架好 4 米宽的中棚。

（2）苗床管理　选用苗期耐低温、生长速度快、结荚多而早，且嫩荚纤维少、质脆味美、抗逆性强的优良品种，如红筋扁豆、德扁二号等。在当年 12 月上旬选晴好天气播种育苗，播种后在中棚中架小拱棚覆盖，保持小拱棚内温度在 25℃左右。若超过此温，要注意通风调节棚温，防止高温烧苗，或形成高脚苗。当室外温度降至 6℃以下时，在小拱棚上覆盖草帘保温，草帘日揭夜盖，防止低温形成老僵苗。在移栽前 15～20 天进行搬钵蹲苗，当主蔓长出 4～5 片真叶时，要适时打顶整枝，促进子蔓的生长，一般每株保留 3～4 个健壮子蔓。

2. 合理施肥

（1）肥料用量及运筹　多层覆盖栽培的扁豆生育期、开花结荚期长，需肥量也大，对养分配比的要求也高，一般每亩施纯氮肥 20～25 千克、磷肥 10～12 千克、钾肥

18～20 千克，有机肥与无机肥的比例为 45∶55，基肥与追肥比例为 60∶40。肥料运筹：氮肥为一基三追，分配比例为 6∶1∶1.5∶1.5，磷、钾肥为一基一追，分配比例为 6∶4。

（2）肥料施用及方法　根据扁豆的需肥特性，肥料施用原则为重基肥、轻追肥、多次补施钾肥，以满足其早生花序、早开花结荚的需要。基肥以有机肥为主，定植前每亩基施优质腐熟有机肥 1000～1200 千克，定植后追施苗肥，每亩施优质腐熟有机肥 300～500 千克、尿素 2～3 千克；当扁豆第一批嫩荚采收后，每亩施硫酸系列复合肥 30～40 千克或用尿素 10～12 千克、磷肥 20～25 千克、钾肥 8～10 千克，复配施入，以后每批采收后根据苗情补施尿素 3～5 千克，以促其多生花序，多开回头花，提高单位面积产量，长势旺盛的可减少用量和补施次数。肥料施用方法：基肥采用面施后耕耖整地的方法施入土壤，追肥在距根 15～20 厘米处开行条施或穴施。同时在花荚期每亩叶面喷施含硼、钼等微量元素叶面肥 3～4 次，每次用量 100～120 克，间隔时间为 7～10 天，以提高扁豆的品质。

3. 田间管理

（1）适时定植　为争取扁豆早上市，要适时定植，定植密度按行距 1.6 米、株距 0.5～0.8 米配置。在 2 月中旬定植的扁豆，采用 10 米宽的双层大棚，加小拱棚三层覆盖保温。若温度较低时，夜间在小拱棚上覆盖草帘保温。在 3 月中旬移栽定植的扁豆，采用 4 米宽的中棚加小拱棚覆盖保温。扁豆定植后，小拱棚内温度保持在 20～30℃，但不能超过 35℃。

（2）整枝摘心　移栽定植后的扁豆子蔓长至 40～50 厘米时，要及时搭“人”字架引蔓上架，其架高控制在 1.5 米左右。多层覆盖栽培的扁豆，因其播种早、生育期长，枝叶易徒长，应及时打顶摘心，以促进花序发育，早开花、早结荚、早上市，结荚盛期及时整枝是延长采收期的重要技术措施。方法是扁豆定植后，子蔓长至 100～120 厘米时及时摘心，促使下部多生孙蔓侧芽，多开花多结荚。进入结荚盛期，剪去下部老枝老叶和荚少的侧枝，改善田间通风透光条件，特别是进入高温季节，更应坚持整枝摘心，以实现控制植株徒长、延长结荚时间、提高单位面积产量和产出效益。

（3）揭膜、调控水分　多层覆盖栽培的扁豆在春季要及时分次揭膜撤棚，长江中下游平原地区在 3 月下旬至 4 月上旬气温回升时揭小棚；山东等地应适当晚揭半个月左右，以防止倒春寒的危害。5 月上、中旬第一批扁豆采收时揭中棚或双层大棚膜。由于水分对扁豆生长发育的影响较大，苗期水分供应不足其生长缓慢，早苗达不到早发的要求；开花结荚期若水分供应不足，影响其开花结荚，从而影响产量和品质。因此在土壤墒情差、植株叶片中午萎蔫时要注意补水，以保证扁豆的正常生长发育、提高产量和品质。撤棚后扁豆进入露地生长期，雨水频繁的月份应注意及时排涝。

4. 采收

第一批采收的扁豆的销路极好，在开花后18～20天，嫩荚内籽粒开始饱满时及时采收，既提高扁豆的经济效益，又能促进上层果荚生长发育。扁豆同一花序有多次开花的特性，故在采摘时注意不要损伤果序，争取多开回头花多结荚，提高扁豆产量。采用多层覆盖技术种植的扁豆，一般可采收3～4批，每批采收间隔时间约30～35天，亩总产量在3000千克左右，产值6000元左右，比常规栽培的扁豆产量提高约30%，产值增加近1倍。

（四）日光温室越冬扁豆绿色生产技术

扁豆是一种短日照喜温作物，北方一般春天播种，夏秋上市。为实现扁豆深冬上市，满足春节市场供应，冬暖式大棚扁豆冬季种植获成功，填补了冬季蔬菜的一项空白。

1. 品种选择

选用豆均匀、纤维少、单荚重、抗病性强的品种，如济南地方品种“猪耳朵”比较适合冬茬栽培。

2. 施足基肥，精细整地

冬暖式大棚栽培扁豆生长期长，需肥量大，应重施基肥，一般亩施磷肥100千克、钾肥50千克、优质堆沤肥2500千克，结合施肥深翻30厘米，耙细整平。

3. 起垄栽培

实行高垄单行栽培，垄宽40厘米，垄沟宽40厘米，垄高15厘米，采用50厘米宽幅地膜实行“隔沟盖沟”法盖膜。盖膜后在垄上定植一行扁豆。

4. 适时播种，合理密植

播种日期选择以保证春节市场供应，故选择秋分前后5天播种育苗为宜。采取畦内浇水切块后再播种，以便带上坨定植。扁豆秧苗3～4片真叶时定植，按1垄栽1行，1立方米墩、1墩2棵的比例移栽，不可过密，否则秧苗徒长，落花落荚严重，甚至不结荚。

5. 加强各项管理措施

（1）温度　播种出苗前应保持25～30℃，促进幼苗迅速出土，以减少养分消耗。出苗后降低苗床温度，以20～25℃为宜，防止出现高脚苗。真叶展开后保持20℃。定植前5～6天进行18～20℃低温炼苗。定植缓苗后棚温白天维持20～25℃、夜间12～15℃，不能低于10℃。进入严冬，若遇连阴天气或严重冷凉天气，应采取点火等增温措施，让扁豆顺利渡过难关；开花结荚期应保持适温，防止棚温过高或过低。扁豆开花结荚的适宜温度范围为16～27℃，以18～25℃为最适宜，低于15℃和高于28℃时对开花结荚不利，会加重落花落荚。尤其是高于32℃时，不仅造成大量落花落荚，而且严重影响商品嫩荚的品质。当棚温高于28℃时，要通风降温。

（2）肥水　定植前施足底肥，一次浇足底水。定植后一般不浇水，扁豆在初花期和坐荚果之前，不宜浇水，也不宜追肥。当第一花序坐住荚后，才开始浇水追肥。在地膜覆盖栽培条件下，宜采用膜下浇暗水的方法，随水冲施速效化肥或腐熟的人粪尿。扁豆喜硝态氮而不喜铵态氮，铵态氮肥施用多时会抑制植株生长发育。所以，冲施开花结荚肥时，多施用尿素、三元复合肥和人粪尿，在下部花序结荚期，一般12～15天浇水、追肥1次，每次每亩施三元复合肥10千克左右，或人粪尿100千克。在中部花序结荚期，一般8～10天浇水、追肥1次，每次每亩冲施尿素7～8千克。上部花序开花期、结荚期和侧枝翻花结荚期，一般10天左右浇水、追肥1次，每次每亩冲施尿素和硫酸钾各5千克。结荚中、后期为改善透光条件，要将中、下部的老黄叶及时摘除，并在茎叶过密处疏去部分叶片和抹掉晚发的嫩芽。

（3）吊绳　幼苗甩蔓后吊绳。每株扁豆苗准备一透明塑料绳，绳的一端固定在大棚顶铁丝上，另一端系上木棍，插在扁豆苗的外侧，插地处距苗8～10厘米远。注意不要让主蔓一次爬到棚顶，在龙头即将爬到棚顶时落蔓。

6. 病虫害防治

（1）锈病于发病初期用15%三唑酮可湿性粉剂1000～1500倍液喷雾，隔5～7天1次，连喷2次。

（2）花叶病系病毒，定植缓苗后开始喷施环中菌毒清500倍、双效微肥400倍、病毒A 400倍及0.2%的硫酸锌混合液，隔10～15天1次，连喷2～3次，可基本控制花叶病发生。

（3）蚜虫用80%敌敌畏乳油暗火烟熏，亩用敌敌畏250～300克。

7. 采收

扁豆开花后7～15天，嫩荚已长大但尚未变硬时采摘。此时鲜重最大，菜用商品品质最好，为采收适宜之时。一个花序上有8～10个花芽，而开花结荚的只有3～5个。采摘扁豆荚时，要注意保护好这些花芽，采摘头茬豆荚后，保留的花芽会加速发育，开花结二茬荚。进入收获期后，一般4～5天采收1次。一般情况下亩产1500千克。

（五）扁豆的间作套种

扁豆生长期长，在北方跨越整个无霜期，植株攀缘性强，开花结果期枝繁叶茂。针对扁豆的生长特点，充分利用时间差和空间差，与其他作物进行合理的间作套种，可大大提高土地利用率，从而增加效益。

1. 大棚茄子（或青椒）套种扁豆

（1）茄子选用黑龙长茄（青椒可选用洛椒七号、八号等尖椒品种），12月中旬播种育苗。扁豆选用边红一号等早熟品种，3月上旬直播于营养钵中。

（2）3月上中旬扣棚，3月下旬整地做垅。然后覆地膜定植，采用大垅双行方式。大垅宽120厘米，定植两行，小行距50厘米。株距33～36厘米，亩保苗3000～3300株。扁豆4月下旬套栽于茄子双行中间，株距1.2米，亩保苗1100株。

（3）扁豆不用搭架，待生长后卷蔓往大棚柱子上爬。6月中下旬爬到棚顶时撤去塑料棚布，变为露地生长，始收期 6 月下旬，终收期霜降前后。

2. 大棚番茄、扁豆立体种植

（1）选用良种，培育壮苗　番茄选择合作 906、霞粉等早熟粉果型品种，11 月上旬采用大棚套小棚育苗；扁豆选用市场适销、适口性好的红扁豆种，分别于 1 月上旬和 3 月上旬利用大棚套小棚进行营养钵育苗，每钵点播 2～3 粒。育苗期间控制浇水，防止土壤低温烂种死苗。

（2）施足基肥，合理密植　2 月中旬番茄 8～9 片真叶时选择晴天定植。畦面覆盖地膜。一般行距 50 厘米、株距 30 厘米。第 1 期扁豆于 2 月下旬套栽在大棚中间、走道两侧的番茄行间，一个大棚套栽 2 行扁豆，株距 1 米，行距 1 米。覆盖方式为大棚套小棚加地膜，夜间小棚增盖草苫，形成 4 层覆盖。第 2 期扁豆于 4 月上旬，大棚内撤去小棚薄膜，番茄搭架后进行定植，将扁豆苗套栽于钢管架下脚内侧 15～20 厘米处，每根钢管脚旁栽 1 穴，计栽 2 行。至此，整个大棚番茄共套栽 4 行扁豆，每亩栽 450 穴左右。

（3）整枝吊蔓　番茄开花坐果后要注意摘除果面残留枯花瓣，以防病菌侵染；及时抹赘芽，采取单干整枝，适当疏果，可提高果实商品性。第 1 期扁豆甩蔓后，每株扁豆苗用一透明塑料绳吊蔓，注意不要让主蔓 1 次爬到棚顶，在龙头即将爬到棚顶时落蔓。第 2 期套栽的扁豆抽蔓后，可利用番茄架牵蔓上钢管，钢管之间用绳拉成网状，便于扁豆中后期爬蔓。通常扁豆第 1 花序以下的侧芽全部抹去，主蔓中上部各叶腋中若花芽旁混生叶芽时，应及时将叶芽抽生的侧枝打去；若无花芽只有叶芽萌发时，则只留 1～2 叶摘心，侧枝上即可形成一穗花序。主蔓长到 2 米左右时摘心，促发侧枝。

（4）及时采收　番茄 4 月下旬果实变粉红色时采收上市，6 月底清田；扁豆 5 月上旬上市，采收时以荚面豆粒处刚刚显露而束鼓起为宜。

3. 扁豆-夏白菜-速生叶菜高效立体种植

扁豆、夏大白菜、速生叶菜高效立体种植技术，平均每亩可产扁豆 3000 千克、夏大白菜 1500 千克、速生叶菜 800 千克，亩年纯收入可达 4500 元，其栽培技术如下：

（1）种植规格　整畦面宽 1.7 米的高畦，畦沟宽 30 厘米，单行扁豆种在畦正中间，株距 40 厘米，亩植 900 株。在扁豆行两侧 60 厘米处各种一行夏大白菜，株距 25～30 厘米，每亩植 2300～2600 株。速生叶菜种在夏大白菜种植幅上。

（2）品种选择　扁豆选早熟、优质的边红三号扁豆，夏大白菜选耐热、抗病的夏丰、夏阳等，速生叶菜选耐热小白菜、苋菜。

（3）施足基肥　4 月上旬，每亩施腐熟有机肥 2500 千克、尿素 10 千克、复合肥 50 千克后，按扁豆种植规格整平土地；6 月上旬在夏大白菜种植幅上，每亩再施腐熟有机肥 2500 千克、尿素 10 千克、复合肥 30 千克。

（4）播期安排　扁豆于 3 月 30 日左右营养钵育苗，4 月下旬定植，6 月下旬始收，10 月下旬至 11 月中旬采收结束；夏大白菜 6 月中旬直播，8 月中旬采收；速生叶菜

8月下旬撒播，9月下旬始收。

（5）肥水管理　扁豆开始结荚后每采收2～3次结合灌水，每亩穴施以磷、钾肥为主的复合肥10千克。夏大白菜莲座期追一次结球肥，每亩穴施尿素15千克或人粪尿15担，速生叶菜要分批取大苗采收，在每次采收后泼浇稀薄人粪尿提苗。

（6）植株调整　扁豆蔓长至40厘米时，要及时引到用水泥柱、铁丝、尼龙线搭的高1.5米的架上。在扁豆生育期间还要及时进行抹芽、打腰杈和摘心。保持秧蔓不超过1.8米，以利采摘和套种作物的采光。

五、扁豆病虫害与绿色防治

扁豆对病害的抗性强，一般无大的病害流行。但也有苗期的猝倒病、立枯病，生育期的灰霉病（保护地）、锈病、煤霉病出现；虫害有豆荚螟、蚜虫、红蜘蛛、地老虎、斜纹夜蛾，要重点防治豆荚螟。

（一）农业防治

1. 注意轮作换茬

可采用水旱轮作或与非豆科作物实行2年以上轮作，可有效防治地老虎、蛴螬等地下害虫及立枯病、根腐病等土传病害。

2. 实行科学培管

设施栽培应及时通风，控制棚内湿度；及时摘除田间病枝残叶，收获后及时清洁田园，把病虫残体带出田外集中销毁；冬季可深翻冻垡，夏季结合休棚可实施高温闷棚，减少病虫基数；生长期间干旱应注意适时浇水，雨季注意清沟理墒，及时排涝降渍；施肥应以腐熟有机肥及氮、磷、钾复合肥为主，辅以磷酸二氢钾等叶面肥等。

（二）物理防治

设施栽培可在设施大棚两头（门）及两侧（裙边）使用防网虫，露地可实施防虫网全覆盖栽培，从源头上减少病虫害发生基数；在大棚内扁豆棚架上层使用黄板诱蚜及粉虱，以减轻其为害程度。

（三）化学防治

1. 苗期病虫害防治

可通过种子药剂处理和苗床基质或土壤药剂处理、防治苗期立枯病、炭疽病。种子处理：可用2.5％咯菌腈（适乐时）悬浮种衣剂包衣，包衣使用剂量（制剂量）为种子质量的0.3％～0.4％；或用10％福美・拌种灵悬浮种衣剂包衣，包衣使用剂量（制剂量）为种子质量的2％～3％。基质或营养土消毒：育苗前先对基质或床土进行消毒，可用70％恶霉灵可湿性粉剂加75％百菌清可湿性粉剂或50％福美双可湿性粉剂（用药量均为基质或床土的0.3％～0.5％），并将药与基质或药与床土混匀。苗期叶面喷雾：齐苗后，可用75％百菌清可湿性粉剂600～800倍液，或10％苯醚甲环唑水分散粒剂1000倍液喷雾防治苗期立枯病、炭疽病等病害。防治苗期蚜虫可用

10%吡虫啉可湿性粉剂1500～2000倍液喷雾。

2. 大田期病虫害防治

（1）地老虎等地下害虫的防治　扁豆移栽活棵后至伸蔓前易受地下害虫尤其是地老虎为害，常造成缺苗断垄。防治方法首先是清除田间杂草；其次是在地老虎幼虫期每亩用2.5%敌百虫粉剂2千克进行喷粉；田间地老虎为害严重时，还可用毒饵诱杀。具体方法：用80%的敌百虫可湿性粉剂或50%的辛硫磷乳油10倍液喷拌在铡碎的害虫喜食的鲜草或鲜菜上，制成毒草（毒菜），每亩用15～20千克，于傍晚（防止鲜草很快干枯）分成小堆施于田间，次日清晨及时清除诱集的害虫（包括死虫）。

（2）豆野螟等蛀食性害虫的防治　由于该类害虫发生期长，世代重叠现象严重，幼虫喜欢于早晨和傍晚活动，先为害花蕾，后蛀食豆荚，而扁豆等豆类蔬菜是连续开花结荚，分批采收的作物，采摘间隔期短，盛收期往往2～3天就需采收1次，从而给药剂防治带来很大的困难。为此，进行药剂防治必须掌握好施药适期、施药时间、施药部位、施药次数及药剂选择，才能安全、经济和有效地控制好该类害虫的发生及为害。施药时间：一般掌握在7:30—10:30或17:00左右。施药适期：应掌握在豆类的初花期、盛花期和盛花末期至结荚初期及时用药2～3次，施药间隔期为5～7天。此时，豆野螟正处于产卵盛期和幼虫初孵期。施药部位：喷洒的重点是花蕾、已开的花和嫩荚，以及落地的花、荚。在扁豆生产中后期，可结合其他病虫害的防治兼治豆野螟。常用药剂：1.5%阿维菌素乳油（或甲维盐）1000～2000倍液，或5%氟虫脲乳油1000倍液，或5%氟啶脲乳油600～800倍液，或20%杀灭菊酯乳油1500～2000倍液，或2.5%溴氰菊酯乳油2000～3000倍液，或2.5%高效氯氟氰菊酯乳油2000～3000倍液，或10%联苯菊酯乳油2000～3000倍液，或10%虫螨腈乳油1500～2000倍液，或15%茚虫威悬浮剂2000～2500倍液，或20%氯虫苯甲酰胺悬浮剂5000倍液，或2.5%多杀霉素悬浮剂500～600倍液等农药交替使用。每期第1次施药，可选用虫螨腈、氟虫脲、拟除虫菊酯类及阿维菌素等持效期较长的农药喷施；连续施药，应首选安全间隔期较短的药剂如茚虫威、氯虫苯甲酰胺、多杀霉素（安全间隔期为1～3天）等。

（3）其他害虫的防治　视其发生为害情况，可选用适当杀虫剂进行兼治，如用阿维菌素及其复配制剂或氟虫脲、虱螨脲、虫螨腈等杀虫剂兼治红蜘蛛、斜纹夜蛾等；用噻虫嗪、吡虫啉、啶虫醚、吡蚜酮、呋虫胺等杀虫剂防治蚜虫、粉虱等害虫，同时可兼治病毒病。

（4）病害防治　于病害发病初期，可用75%百菌清可湿性粉剂600倍液，或50%异菌脲可湿性粉剂600～800倍液，或50%福美双可湿性粉剂500倍液等保护性杀菌剂或其复配剂1～2次进行预防，施药间隔期为7～10天。病害发生和流行期间，可用25%咪鲜胺乳油800～1000倍液，或25%溴菌腈可湿性粉剂600～800倍液，或10%苯醚甲环唑乳油1000～1500倍液，或40%氟硅唑乳油6000～8000倍液，或25%晴菌唑乳油2000～2500倍液，或30%氟菌唑可湿性粉剂2000～3000倍液，或25%嘧菌酯悬浮剂1500倍液等杀菌剂交替喷雾2～3次，施药间隔期为7～10天，能有效防治炭疽病、黑斑病、褐斑病等叶斑类病害；可用50%多菌灵可湿性粉剂600～800倍液，或50%啶酰菌胺水分散粒剂1000～1500倍液，或50%嘧菌环胺可湿性粉剂1000～1500倍液，或2%武夷霉素水剂150倍液，或50%腐霉利可湿粉剂800～1000倍液，或40%嘧霉胺悬浮剂或可湿性粉剂600～800倍液，或50%乙烯菌核利可湿性粉剂500～600倍液喷雾防治灰霉病、菌核病等病害；可用50%多菌灵可湿性粉剂500～600倍液，或70%甲基托布津可湿性粉剂600～800倍液，或50%代森铵水剂1000倍液，或30%恶霉灵水剂600～800倍液，或77%氢氧化铜可湿性粉剂600～800倍液灌根防治根腐病、枯萎病等，灌根时视植株大小，每株用药液100～300毫升；可用72%农用硫酸链霉素可溶性粉剂2000～4000倍液，或25%络氨铜水剂500～600倍液，或27.12%碱式硫酸铜悬浮剂500～800倍液，或77%氢氧化铜可湿性粉剂500～800倍液，或20%噻菌铜悬浮剂500～700倍液，或50%琥珀酸铜可湿性粉剂1000倍液等喷雾，防治细菌性疫病等细菌性病害。注意轮换用药及各药剂安全间隔期规定。此外，对于温室或塑料大棚等设施栽培中湿度过大的环境，可在傍晚前后，采用异丙威、百菌清、腐霉利等粉剂或熏烟剂进行喷粉或熏烟防治，防治以上病虫发生及为害。每亩可用5%百菌清粉剂1千克喷粉，或用30%百菌清烟剂250～300克（中、小棚每空间约 0.2 克/立方米）防治以上病害；防治棚室蚜虫、粉虱、蓟马、潜叶蝇、飞虱、螨类等害虫。具体方法：在棚内设若干放烟点点燃（勿起明火）熏烟，并闭棚 6 小时以上，熏烟间隔期为 5～7 天，连续熏烟 2～3 次防效更佳。

第七章

刀豆 绿色生产技术

刀豆系豆科刀豆属，因其豆荚大且似刀剑而得名，又名大刀豆、刀鞘豆、关刀豆、酱刀豆，别名肉豆、洋刀豆等。刀豆为一年生或多年生缠绕性或直立草本植物。有蔓性刀豆和矮生刀豆之分，两者形态上的主要区别，在于茎的蔓性或直立、种脐的长短。

一般认为刀豆起源于东半球，原产于印度，在我国至少已有 1000 多年的栽培历史。我国南北各地均有栽培，长江以南各省广为栽培。

刀豆的嫩荚可作蔬菜，肉质肥厚、脆嫩味鲜，可炒食或熟食，也可加工腌渍酱菜、泡菜或作干菜食用。立刀豆嫩荚也可作蔬菜，花和嫩叶蒸熟后可作调味品用。干豆同肉类煮食或磨面食用。刀豆炒焙的种子可作咖啡的代用品。刀豆种子、荚壳、根均可入药。

刀豆的蛋白质含量比菜豆丰富，并富含钙、磷、钾、铁及多种维生素。刀豆鲜嫩荚每 100 克含热量 1420 千焦、水分 89.2 克、蛋白质 2.8 克、脂肪 0.2 克、总碳水化合物 7.3 克、纤维 1.5 克、灰分 0.5 克。刀豆种子含微量有毒物质氢氯酸和皂角苷，还含胰蛋白酶抑制素和胰凝乳蛋白酶抑制素。成熟种子食用时要注意采用安全的食用方法。加热到一定程度才能破坏毒素，故必须熟食。

一、刀豆的基础知识

（一）刀豆的形态特征

1. 蔓性刀豆

为多年生，但多为一年生栽培。蔓粗壮，长 4 米以上，生长期长，为晚熟种。出苗后第一对基生真叶为大型心脏形的单叶，以后为由三小叶组成的复叶，叶柄短。荚果绿色，长 30 厘米左右、宽 4～5 厘米，每荚重约 150 克。种子大，椭圆形，每荚有种子 10 粒左右。种子白色、褐色、乌黑色或红色，种子长 2.5 厘米、宽 1.5 厘米，千粒重约为 1320 克。种脐的长度超过种子全长的 1/3。

2. 矮刀豆

又名立刀豆、洋刀豆。为一年生，半直立丛生型也可变为多年生攀缘性，株高 60～120 厘米。花白色。荚较短。种子白色，小而厚，种脐的长度约为种子全长的 1/2。较早熟。

（二）刀豆对环境条件的要求

刀豆的生育期一般为 70～90 天，分为发芽期（15～20 天）、幼苗期和抽蔓期（共 30～50 天）及结荚期（开花后约需 20 天即可采收）。刀豆的全生育期约为 180～310 天，因栽培地区和类型（品种）而不同，采收嫩荚作蔬菜，约需 90～150 天才可收获。

1. 温度

原产热带，喜温耐热，不耐霜冻。生长发育期需较高温度（15～30℃），种子发芽适温为 25～30℃，生育适温为 20～25℃，开花结荚最适温为 25～28℃，能耐 35℃高温，在 35～40℃高温下花粉发芽力大减，易引起落花落荚。在我国北部地区栽培，因积温不够种子不易成熟，可育苗移栽。

2. 水分

刀豆要求中等雨量，以分布均匀的 900～1200 毫米年降水量为适宜。我国华北地区夏季高温高湿的雨季亦适于刀豆生长。刀豆有些品种不耐渍水。立刀豆根系入土较深，相当耐旱，也比其他许多豆类作物更抗涝。在年降水量只有 650～750 毫米的地区，只要土壤底层水分充足或有灌溉条件，也能成功栽培立刀豆。

3. 光照

刀豆对光周期反映不敏感，要求不严格。立刀豆为短日照作物，但在各地区栽培的地方品种，由于长期的自然适应，对光照长短的敏感性有所不同。二者均较耐荫。但据报道，刀豆对光照强度要求较高，当光照减弱时，植株同化能力降低、着蕾数和开花结荚数减少、潜伏花芽数和落蕾数增加。

4. 土壤

刀豆对土壤适应性广，但以土层较厚、排水良好、肥沃疏松的砂壤土或黏壤土为宜。刀豆适宜的土壤 pH 值为 5.0～7.1；立刀豆耐酸耐盐，适应的土壤 pH 值为 4.5～8.0，比其他许多豆类作物更抗盐碱，但以土壤 pH 值为 5～6 为宜。在黏土地直播时，肥大的子叶不易破土而出，故直播以砂性土为宜。但育苗移栽时，如选稍黏性壤土栽培，则果荚的硬化较迟，荚肉柔嫩品质好，有利采收嫩荚。

5. 养分

刀豆生活力较强，对水肥要求不高，虽然根系发达有根瘤固氮，但茎叶繁茂，生育期长，需肥量大，故仍需施足基肥。在生育过程中，还应注意后期追施磷、钾肥，防止早衰，延长结荚期，增加产量。

二、优良品种

我国刀豆的优良品种，主要是各地种植的地方品种。

1. 大刀豆

江苏省连云港市和海州、中云等地有少量栽培。植株蔓生，株高 3～4 米，生长势强，茎蔓绿色，略带条纹。基部初生 3 片单叶，每个叶腋有一分枝，向上各复叶叶腋不再分枝，三出复叶为长卵形。花冠浅紫色，每个花序有花约 10 朵，一般成荚 2～3 个。嫩荚绿色，大而宽厚，光滑无毛，似小长刀，荚长约 30 厘米、宽约 4 厘米，厚 1～2 厘米，距背线 1 厘米处两侧各有一条凸起的小棱，腹线处光滑无棱。单荚重 100～150 克，荚果肉质较硬，适宜酱渍。种子扁椭圆形，紫红色，种脐黑褐色，百粒重 120～180 克。早熟，生长期 80～85 天，耐热性强，耐寒性差，春季生长缓慢，夏季生长旺盛，抗虫力较强。4 月下旬催芽穴播，行距 1.2～1.5 米、穴距 30～33 厘米，每穴播种 2～3 粒，7 月中下旬开始采收嫩荚。

2. 大田刀豆

福建省大田、永春、德化等地区多年栽培的品种。植株蔓生，株高 2～3 米。三出复叶，小叶长 10 厘米、宽 8 厘米。花冠紫白色。嫩荚浅绿色，镰刀形，横断面扁圆形，荚长32.5厘米、宽5.2厘米、厚2.6厘米。嫩荚可鲜食，亦可腌渍加工，品质中等。种子较大，肾形，浅粉色。晚熟，从播种至嫩荚采收需90天，可持续100～120天，嫩荚产量每亩1500～2000千克。抗逆性强。3月下旬至4月中旬播种，7月上旬至11月中旬均可采摘嫩荚。

3. 十堰市刀豆

湖北省地方品种，栽培历史悠久，十堰市郊区栽培。植株蔓生，节间长。单叶卵形，三出复叶，绿色。总状花序，花成紫色，每序结荚2～4个，荚扁平光滑，刀形，长约23厘米、宽约3.6厘米，单荚重100～150克，绿色，肉厚，质地嫩荚，味鲜，可供炒食和腌制。每荚含种子8～10粒，种子椭圆形，略扁，浅红色。耐热性较强，耐寒性较弱。嫩荚产量每亩1000千克。房前屋后均可种植。4月下旬播种，穴距60厘米，挖穴施基肥，每穴2～3株，靠篱笆、树木攀缘生长，生长期内施追肥2次，8月上旬至11月中旬收获。

4. 沙市架刀豆

湖北省地方品种，栽培历史悠久植株蔓生，蔓长3～3.5米，分枝性中等。单叶倒卵形，三出复叶，深绿色。豆荚剑形，长20～25厘米、宽4～5厘米、厚1.0～1.5厘米，绿色，单荚重100克左右，每荚含种子8粒。嫩荚脆甜，适于炒食、腌制或泡制。单株可结荚10多个，嫩荚产量每亩1500千克。晚熟，抗旱力强，耐涝，抗豆斑病。4月下旬播种，每亩用种量4千克，留苗2000株，播种后盖草防土壤板结，蔓长 30 厘米时搭架，人工引蔓上架。

5. 青刀豆

安徽地方品种。为一年生半爬蔓性植物，株高 79～84 厘米，开展度 63～76 厘米。叶宽大，倒卵形，叶色浅绿，叶缘全缘。叶柄扁圆，有齿沟，茎粗壮，花紫红色。豆荚扁长，肉质肥厚、脆嫩，荚长 32～34 厘米、宽 3.2～3.3 厘米、厚 1.4～1.7 厘米。种子白色。抗旱性极强，耐高温，抗病。

三、栽培管理技术

刀豆全生育期约 180～310 天，自播种到始收嫩荚约需 90～150 天。立刀豆全生育期约 180～300 天，播后至始收嫩荚约需 90～120 天。具体每个品种的生育期，则因栽培地区和品种类型而异。

（一）种植方式

刀豆很少大面积栽培，以零星栽培为多，大多种植于宅旁园地，房前屋后的墙边地脚，或沿栅栏、篱笆、墙垣栽培，还可广泛种于经济林、果园的行间作绿肥或覆盖物。丘陵山坡地亦可种植刀豆，在 20 世纪 50～60 年代，南方山区、丘陵地区随地可见种植，是当地群众的重要蔬菜之一。

刀豆生育期长，一般是一季栽培，种子繁殖。刀豆喜温怕冷，北方地区露地须在终霜后播种，在初霜来临前收完。在北方生长期短的地区，种子多、不易成熟，育苗移栽可延长生长期，种子可自然成熟。在黏质土壤中，种子不易发芽，容易腐烂，亦应育苗移栽。

刀豆根系发达，土地深翻 18～20 厘米，同时翻入腐熟有机肥或浇粪水。平整土地，平畦栽培，畦宽 135～150 厘米、长 6.5～13.5 米，每畦种两行，穴距 50 厘米，每穴播种 1～2 粒。种子发芽时子叶出土。

（二）播种

宜选粒大、饱满、大小整齐、色泽一致、无机械损伤或虫伤籽粒作种子，先晒种 1 天，用温水浸泡 24 小时后再播。播后如遇低温或湿度过大，易烂种，因此浸种后最好再放在 25～30℃条件下催芽，出芽后点播。如温度较低，土壤湿度又大，可用干种子直播，播种时宜使种脐向下，便于吸水促进发芽，播后先盖一层细土，再加盖谷糠灰或草木灰，以利种子发芽、子叶出土。

床播宜于 3 月下旬至 4 月上中旬进行。苗床可根据气候情况选用温床或冷床，播前浇足底墒，行、株距各 13 厘米，每穴点播一粒，覆土 3 厘米厚，先盖细土，再盖一层谷糠或草灰。播后切勿多浇水，保持适温适湿，以免烂种。7～10 天后出芽，终霜后幼苗有 2 片真叶时定植露地，每穴一株，行距 70～80 厘米、株距 40～45 厘米，每亩 2000 株。

直播多在终霜前 7～10 天播种，北方在 4 月下旬至 5

月上旬播种，每穴宜播种 2 粒。立刀豆行距 66 厘米、株距 33 厘米，播深 5 厘米左右，一般用穴播或点播，每穴为 3～4 粒。种植面积较大时可以条播，行距 60～90 厘米、株距 15～30 厘米，或采用 30～40 厘米的方形播种。丛生型立刀豆，宜用（100～150）厘米×100 厘米的宽行株距。

（三）田间管理

（1）苗高 10 厘米时，要查苗、定苗、补苗，在 4 叶期，结合中耕除草追肥 1 次。

（2）蔓生刀豆株高 35～40 厘米时插支架，架高 2 米以上，架的顶部要纵横相联。也可利用篱笆、栅栏、墙垣、大树等拉绳作架，引蔓顺其自然缠绕。前期要注意中耕、除草和培土。

（3）肥水管理，开花前不宜多浇水，要注意中耕保墒以防落花落荚。开花结荚后需及时追肥、浇水。坐荚后，刀豆植株逐渐进入旺盛生长期，待幼荚 3～4 厘米时开始浇水。供水要充足，无雨时 10～15 天浇 1 次水，并结合进行追肥。刀豆是豆类中需氮肥较多的蔬菜，如氮素不足则分枝少，影响产量和品质。在 4 叶期追第一次肥，在坐荚后结合浇水追第二次肥，在结荚中后期再追 1 次肥。在结荚盛期应进行 2～3 次叶面追肥。要经常保持地面湿润。

（四）收获与贮藏

刀豆和立刀豆生育期均较长，收获嫩荚需 90～120 天，收获种子需 150～300 天。

1. 收获嫩荚

刀豆一般在荚长 12～20 厘米，豆荚尚未鼓粒肥大，荚皮未纤维化变硬之前采摘。北方在 8 月上旬盛夏开始陆续采收，直至初霜降临。单荚鲜重可达 150～170 克，嫩荚产量每亩 500～750 千克。收立刀豆嫩荚做蔬菜时，在荚果基本长成、柔嫩多汁时采收。

2. 收获种子

留种一般选留植株中、下部先开花所结宽大肥厚并具本品种特征的豆荚，其余嫩荚应及时早采食，待种荚充分老熟，荚色变枯黄时摘下，待荚干燥，剥出种子晾干贮藏。豆荚过熟会在田间炸荚落粒，造成减产。干豆产量：刀豆为每亩 50～100 千克，立刀豆为每亩 100 千克。茎叶产量为每亩 2700～3400 千克。

3. 贮藏

贮藏的种子含水量应在 11%以下。种子一般贮藏于袋内或陶器中。刀豆种子在贮藏期间抗病虫性较强。

四、病虫害与绿色防治

刀豆抗逆性强，一般生长健壮，病虫害较少。主要病害有真菌病根腐病、疮痂病，病毒病有苘麻属花叶病和长豇豆花叶病等，线虫病有大豆胞囊线虫等。防治方法：可采取选用无病种子、销毁病株、药物防治等措施（请参阅菜豆、豇豆有关病害防治方法）。刀豆的虫害较轻，有时发生蚜虫为害，防治方法参见菜豆。

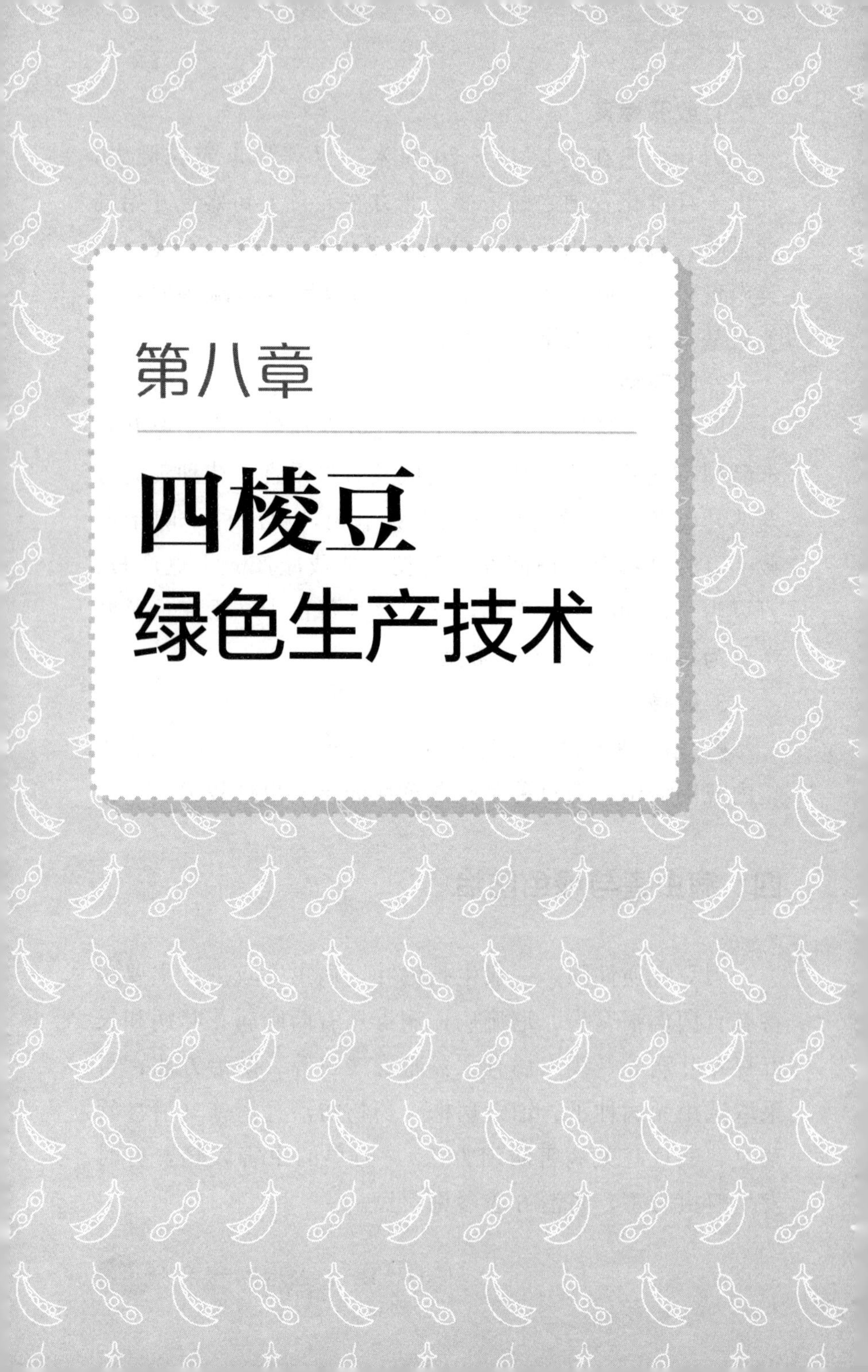

第八章

四棱豆绿色生产技术

四棱豆主要以嫩豆荚、嫩叶、嫩梢和块根供菜用，别名翼豆、杨桃豆、翅豆、热带大豆等，为豆科四棱豆属的一年生或多年生缠绕性草本植物。四棱豆所含营养物质极为丰富，做菜用的嫩荚，每 100 克鲜重：含水分 89.5～90.4 克、蛋白质 1.9～2.9 克、碳水化合物 3.1～3.8 克、脂肪 0.2～0.3 克、纤维素 0.8～1.2 克、维生素 B_1 0.1～0.2 毫克、维生素 B_2 0.1 毫克、烟酸 1.2 毫克、维生素 C20 毫克；矿物质含量也很丰富，其中含钙 25～26 毫克、磷 26～37 毫克、铁 12 毫克、钠 3.1 毫克。块根的营养价值也很高，每 100 克块根中含水分 51.3～67.8 克、蛋白质 8～12 克，为马铃薯块茎蛋白含量的 4 倍，是目前世界上含蛋白质最高的块根作物。四棱豆的种子更是高营养食品，100 克种子中含水分 8.5～14 克、蛋白质高达 32.4～41.9 克、碳水化合物 25～28 克、脂肪 13.1～13.9 克，特别是含有丰富的维生素 E 和大量的钙、磷、铁、钾、镁等对人体健康有益的矿物元素及多种人体必需的氨基酸。

四棱豆原产热带，已有近 4 个世纪的栽培历史。四棱豆在巴布亚新几内亚和缅甸有较大规模的生产，在东南亚以及印度、孟加拉国和斯里兰卡也有广泛栽培。我国栽培四棱豆的历史在百年以上，主要分布在低纬度的南部，如云南、广西、广东和海南等省、自治区，多种植在房前屋后或菜园角边地；湖南、安徽、福建等地也有种植。

四棱豆各种营养器官均可作菜用，食用方法也很多。嫩豆荚可以鲜炒、水煮后凉拌、盐渍、做酱菜；嫩叶、嫩茎梢可炒食、做汤；块根可鲜炒、制作干片，口味都很鲜美。块根和种子又能蒸煮或烘烤食用。

一、四棱豆对环境条件的要求

（一）温度

四棱豆是原产热带的作物，喜湿，但适应性较广，种子发芽适温为25～30℃，15℃以下、35℃以上发芽不良，生长发育适温为20～25℃，17℃以下结荚不良，10℃以下，生长停止。一般要求年平均气温15～28℃，较凉爽的气候有利于块根的发育。四棱豆在海拔2400米的中山地区也能正常发育。但它对霜冻很敏感，遇霜冻即死亡。

（二）光照

四棱豆为短日性作物，对光照长短反应敏感，在生长初期的20～28天中，对日照长短更为敏感，此时用短日照处理能提早开花。一般在3月份开始播种，7月份以后开花结荚，8～11月份为结荚采收期，冬季温暖地区可延续采收至翌春。晚熟类型在长日照条件下，营养生长过旺，不能开花结荚。四棱豆要求较充足的日照条件，在背阴处栽培则生长发育不良。

（三）水分

四棱豆根系发达，入土也较深，有一定的抗旱能力，但不耐长时间干旱，尤其开花结荚期对干旱很敏感，要求较充足的土壤水分和湿润的环境。四棱豆怕涝，田间不能积水，否则容易烂根，千万植株萎蔫死亡。

（四）土壤和养分

四棱豆对土壤要求不严，较耐贫瘠，不耐涝，在深厚肥沃的沙壤土中生长好，能获得最佳产量和品质。在黏性土壤中，块根生长不良，块根小，食味也不好。四棱豆不耐盐碱，适宜的 pH 值为 4.3～7.5，当 pH 值低于 4.5 时，植株生长发育差，需施用石灰。虽然四棱豆的根瘤菌有较强的固氮作用，但因生长期长，生长量大，对养分需要量也大，仍需施用农家肥及磷、钾肥。据测定，每收 100 千克的籽实，需氮 24 千克、磷 5.4 千克、钾 13.54 千克。它本身的固氮率为 68.18%，主要补充磷、钾肥。需肥最多的时期是始花期到结荚中期，这一时期，要吸收氮素总量的 84.8%、磷素的 90%、钾素的 60.9%，结荚后期又长块根，因此，氮肥和磷肥施用重点在前中期，钾肥则应前轻后重。除此之外，还需要一些钙、硫、硼、锌等微量元素。

二、四棱豆优良品种

（一）类型

1. 四棱豆的栽培种

可分为印度尼西亚和巴布亚新几内亚 2 个品系。

（1）印度尼西亚品系　属多年生，小叶卵圆形、三角形、披针形等。较晚熟，也有早熟类型，在低纬度地区全年均能开花。也有的对12～12.5小时的长光周期敏感，营养生长达4～6个月。豆荚长18～20厘米，个别长达70厘米以上，中国栽培的多属此类。

（2）巴布亚新几内亚品系　一年生，早熟，播种至花开需57～79天。小叶以卵圆形和正三角形为多。荚长6～26厘米，表面粗糙，种子和块根的产量较低。

2. 品种分类

根据四棱豆的生长发育特点和收获目的可分为四类。

（1）食用类　有些品种结荚多，豆荚纤维化程度高，主要收获种子食用；有些品种块根膨大，块根产量高，主要收获块根食用。

（2）菜用类　鲜荚大，肉厚，脆嫩，纤维少。鲜荚适采期长，不易老化。

（3）饲用类　植株营养体繁茂，分枝多，再生力强，茎蔓生长势强，其蛋白质含量高。作饲料和绿肥，一般种植在生荒地、幼龄果园和经济林、采矿区等。

（4）兼用类　嫩荚、嫩叶和茎梢可采用，但嫩荚适采期较短，易老化。可收获种子和块根食用，也可收获茎蔓做高蛋白饲料。

（二）主要栽培品种

1. 早熟2号

由中国农业大学选育而成。植株蔓生，蔓长3.5～4.5米。茎基部1～6节可分枝4～5个，分枝力强。茎叶光滑无毛，左旋性缠绕生长。小叶宽卵形，茎叶深紫红色。腋生总状花序，每个花序有小花数朵至十余朵，花淡紫蓝色。荚果菱形，嫩荚绿色，翼边深紫红色，荚大美观，纤维化较迟。单株结荚40～50个，荚长18～20厘米。成熟荚果黑褐色，易裂开。种子近方圆形，种脐稍突出，种皮灰紫色，单荚种子数为8～15粒，单荚粒重3.0～3.4克，百粒重26～32克。每亩产嫩荚850～1200千克、干豆粒120～150千克。早熟2号成熟早，对光周期不敏感，生长发育所需积温较低，适于北方地区种植。3月下旬至4月初育苗，苗龄25～30天时具4～5片叶，断霜后移栽露地，栽培适宜密度为每亩1700～2000株。花期较晚，7月初始花，8月下旬至10月份大量结荚，荚大粒大，嫩荚喜人，采收期长达2个月，嫩荚正是秋淡季上市供应的优良品种。

2. 四棱豆新品系合85-6

由合肥市农林科学研究所选育。早熟，品质优良。植株高2～3米，荚长8～25厘米、宽1.5～3.5厘米；每荚含种子7～15粒，深褐色，百粒重20～32克；生育期188～210天，播后87天初花、150天左右终花。在浙江、江苏、湖南均能正常生长，在海南、广东、广西播种后60天左右初花。适应性强、耐涝、不耐寒。在合肥种植，单株荚重0.5～0.8千克，亩产鲜荚约1000千克。

3. 早熟翼豆833

本品种是中国科学院华南植物研究所从澳大利亚引进品种H45中的早熟变异株系选育而成的早熟品系。早熟，适应性广，经济性状好。植株蔓生攀缘，蔓长4～6米，叶互生，阔卵形至阔菱形。茎叶绿色，株高30厘米处主茎叶腋着生第一花序。每个花序有小花数朵至十余朵，花冠蓝色，授粉后的子房逐渐发育成菱形的荚果。嫩荚绿色，成熟荚果为黑褐色。种子近圆形，种脐稍突起。种皮米黄色。荚长16～21厘米。单荚种子数为8～13粒，单荚种子重2.8～3.2克，种子百粒重31.0克。

4. 桂矮

广西大学园艺系选育的自封顶的有限生长型品种。生枝能力极强，整个植株呈丛生状，不用支架就能直立。主蔓生长11～13片真叶后其顶芽即分化为花芽而自封顶，主蔓长约80厘米。花为腑生总状花序，每个花序有小花2～8朵，花冠淡黄色。嫩豆荚绿带微黄色，成熟豆荚黑褐色。豆荚长18厘米，豆荚横断面呈正方形，单株结荚数为45荚左右；老熟种子的种皮黄褐至黑褐色。每亩产嫩豆荚约1530千克，成熟种子约250千克，块根约500千克。

5. 四棱豆

海南地方品种，由广东省农业科学院经济作物研究所搜集整理。蔓生，花浅紫蓝色，荚深绿色，长22.0厘米、宽3.5厘米，单荚重20克左右，种子圆形，棕褐色，生长期嫩荚180天、老荚216天，栽培时期5～10月份。

三、四棱豆栽培季节与绿色生产技术

（一）栽培季节

四棱豆的生育期较长，而且生长发育需要较高的温度。所以一年生栽培，一般是春播秋收，一年一茬；多年生栽培的，在冷凉的冬季地上部枯死，以地下块根越冬，次年温暖潮湿季节到来时自块根上发出新芽又开始生长。露地栽培，长江流域保护地 4 月份育苗床或营养钵育苗，5 月中下旬定植，8～11 月间陆续采嫩荚供食，直播的 5 月下旬进行；广东、广西、云南等北热带、南亚热带地区，早的 3 月下旬，迟的 5 月上旬播种，而以清明至谷雨播种为最适；华北地区露地栽培，3 月中下旬于保护地育苗，苗期 25～30 天，定植大田，春季有风沙的地区定植后要加风障或扣小拱棚；黄淮海平原 2 月下旬至 3 月上旬育苗，4 月上旬定植于小拱棚。在北方使用保护地栽培需要看保温条件，保温性能高的可全年种植。

（二）栽培方式

四棱豆可单作，也可与其他作物进行间作套种，还可种植于庭院、地边田角等观赏采食兼用。

在国外四棱豆多同玉米、高粱等作物间作。四棱豆枝叶繁茂，单株冠幅大，连片种植占地面积大，但前期生长缓慢，植株小，土地利用率不高，因此，可与其他一些矮小、匍地、耐阴、生育期较短的作物间作套种，以提高土地利用率。如菜豆、黄瓜、番茄、花生、甘薯、马铃薯、生姜、辣椒、苋菜等，均可与四棱豆间作套种。

在我国，四棱豆多在房前屋后、田边地角零星栽植，以观赏遮阳、采收嫩荚为目的。近年来，由于对其营养价值和经济价值的进一步认识，以及不同生态类型品种的育成，四棱豆的栽培面积在逐渐扩大。据报道，四棱豆与甘蔗轮作，后作甘蔗比连作增产50%。在我国，适合与四棱豆轮作的作物有高粱、玉米、马铃薯、小麦等。

四棱豆同其他豆类作物一样，不宜连作，需实行2～3年轮作。轮作不仅可以减轻病害、减少杂草、有利于根系发育和根瘤形成，且四棱豆还是良好的前茬作物，其收割后残留的大量根系、根瘤和枯枝落叶，提高了土壤肥力，对后茬作物有明显的增产效果。

（三）露地四棱豆绿色生产技术

四棱豆既可用种子也可用块根繁殖，而以种子繁殖为主。长江流域可采用直播法，也可采用育苗移栽法，北方地区无霜期短，一般采用育苗移栽法。

1. 整地做畦

四棱豆根系发达，宜选肥沃、土层深厚、疏松和排水良好的沙壤土种植。连作或与豆科作物连作生育不良，易发病，宜行2～3年轮作。在前茬作物收获后，及时翻地，早耕晒垡。虽然四棱豆的根瘤菌有较强的固氮作用，但生长期长，需肥量大，要想获得好的产量，仍需施充足的基肥。一般每亩施腐熟的堆厩肥2000～3000千克、过磷酸钙20～25千克、钾肥5千克，过酸的土壤还需加入适当的石灰中和，耕翻入土，耙平地面，进行做畦。高畦：畦宽60～70厘米，畦沟宽25～30厘米，畦高20～25厘米，每畦种植1行，或畦宽1.2米，每畦可种植2行。平畦：畦宽1.5米，双行定植，行距50厘米、株距40厘米。单作种植密度一般为每亩 1500～2000 株为宜。间作套种则根据套种的作物来确定种植密度。

2. 直播

四棱豆属热带短日照作物，不耐霜冻。发芽适温 25℃左右，15℃以下发芽不良，植株生长和开花结荚适温为 20～25℃。若播种过早，温度低，达不到种子发芽的适温，常常导致含蛋白质高的四棱豆种子在低温和潮湿环境下烂种；但如果播种过迟，开花结荚后期温度过低，则荚和种子不能正常成熟而影响产量。因此，播种必须要考虑在晚霜结束后出苗，一般于 5～10 厘米地温稳定在 15℃以上时进行，并且使其整个生育期在适宜的环境条件下。若利用设施栽培，则可提前播种，延长嫩荚采收期，提高产量。在北方无霜期短的地区，露地栽培必须提前育苗，当地晚霜过后移栽于露地。四棱豆对光温反应敏感，绝大部分品种繁种、保存困难，发芽力易丧失，所以生产上应选新鲜、饱满、种皮光亮的种子，以提高发芽率和发芽势。四棱豆种子种皮坚硬，表面光滑且略有蜡质，透水性差，不易发芽，在播种前进行种子处理，有利于发芽。干种子直播的，播前稍加机械损伤可加快出苗。为了保证出苗整齐，最好浸种催芽，播前晒种 1～2 天，然后用纱布或细孔的网袋盛好种子，浸于 50～60℃温水中，并不断搅动至不烫手为止，水凉后再用清水冲洗，继续用 30℃温水浸种 8～10 小时，种子充分吸水膨胀后捞出，晾干种皮，然后播种或催芽；将吸胀不充分的种子继续浸种至充分吸胀后催芽，浸种期间换水 2～3 次；经浸种不能自行吸胀的“硬豆”需再进行处理。砂破种皮法：用细砂纸擦破“硬豆”种皮（种脐背部少量）。化学法：“硬豆”用12.5%的稀硫酸，温度62℃，浸种5分钟，再用清水将酸冲净，然后浸种，均可提高发芽率。催芽适温为25～28℃，或用变温处理，在催芽过程中，每天用清水冲洗种子2次，经2～3天后，出芽率达90%时即可播种。四棱豆种子出苗过程主要是种子上胚轴伸长、嫩芽出土，需较湿润的土壤条件，若土壤较干，播前1周浇水，待墒情合适时播种。通常是穴播，按株行距挖穴，每穴点精选干种子或催芽的种子2～3粒，幼苗顶土能力较强，播后覆土3～4厘米，待出苗后选留健壮苗1株。

3.育苗移栽

育苗可在温室、大棚、小拱棚等设施中进行。播种期可根据定植期和苗龄来确定。采用营养土块或营养钵育苗。营养土可用80%的菜园土、20%草炭，再加细碎的饼肥、适量的过磷酸钙，充分拌匀后制成营养土方或装入营养钵浇透水后播种。种子催芽方法同直播。每钵2～3粒种子，覆土2～3厘米，播后用薄膜覆盖，以保温保湿，待出苗后及时揭开薄膜以免“烧苗”。育苗期一定要加强管理，培育壮苗。出苗前温度控制在白天25℃左右、夜间18℃以上；出苗后及时通风，适当降低温度，白天20～25℃，夜间15℃以上；随着外界气温升高，逐渐加大通风量，待外界气温稳定在15℃以上，昼夜通风，加强炼苗。小拱棚育苗的可在晴暖天气将薄膜全部揭开。待生理苗龄达3～4片真叶、日历苗龄30～35天即可定植。

若苗龄太长则蔓抽出后会互相缠绕，易折断，定植后影响生长。在整个苗期要适时补充水分，保持苗床湿润和一定的空气湿度。定植密度以每亩 1500～2000 株为宜，过密通风透光不良，而且到秋季时棚架易倒塌，太疏又影响早期产量。定植方法：先在畦上开沟，或按 40 厘米的株距挖穴，深度以苗坨放入后不高于畦面为宜，然后摆放苗坨，浇足水后覆土封窝。四棱豆枝叶繁茂，单株冠幅大，连片种植占地面积大。为了提高土地利用率，定植前后可在垄畦上间作一些矮小耐阴的蔬菜，如辣椒、菠菜等，以提高经济效益。

4. 块根繁殖

霜前留种比霜后留种的成活率高 10%左右，故应在霜前晴天选留块根作种，注意不要挖伤块根和弄断根颈。四棱豆萌发的起点温度为 12.7℃，入窖的贮藏管理与温床催芽育苗与甘薯的管理基本相同，其不同的特点是：①保持窝内干燥，以利块根伤口愈合，可用细沙埋藏；②根颈周围萌发根苗，所以催芽前不要分蔸；③四棱豆块根具有结瘤的能力，在温床上最好覆盖一层菌土。当日平均温度稳定在 17℃时，块根苗的栽培密度要比种子苗稀，每亩 600 株左右。间作套作栽培时，定植可适当延迟，注意从苗床挖取时不要损伤块根苗，定植成活后的管理与种子苗相同。四棱豆块根能在温室越冬。在 11 月上旬将挖出的块根种在温室，12 月上旬开始发芽生长，翌年 4 月下旬开花结荚。已摘过荚的块根在温室越冬，温度要保持在 20℃左右，虽在短日照季节，仍需 4 个月才能开花。采用块根繁殖，如直接定植露地，可将中等偏小块根头朝上埋植于穴中，用地膜覆盖定植，这样能促其早发芽，早开花结荚。

5. 田间管理

（1）补苗和间苗　幼苗出土后要及时到田间查苗，发现缺株应及时补种，以确保全苗。当幼苗长到7～8片叶时，进行定苗，拔除弱苗和畸形苗，选留生长健壮的正常苗，每穴保留1株。

（2）中耕除草和培土　出苗后的1个月内，幼苗生长缓慢，结合除草，进行2次浅中耕，以松土、保墒，提高地温，促进根系下扎和幼苗生长。在抽蔓开始后再中耕1～2次。当枝叶旺盛生长以后，植株迅速封行，可停止中耕除草，但需进行培土，以利于地下块根形成，培土高度15～20厘米。

（3）整枝和搭架　四棱豆的主蔓生长旺盛，侧枝也较发达，进入开花结荚期，同时有茎叶继续生长和块根膨大，争夺养分激烈，也容易造成田间郁蔽，必须及时整枝。一般从10叶期开始进行摘心，以促进低节位分枝。在现蕾开花初期，还要及时除去第2、第3次分枝和生长过旺的叶片，以保持群体的通风透光。四棱豆攀缘性强，出苗后30～40天、抽蔓开始后，应及时用竹竿或木棍搭支架，可搭成三角架、四角架或人字架，架高1.5米左右，使茎蔓均匀分布于架上。

（4）病虫害防治　四棱豆的抗性较强，病害较少发生。在国外四棱豆主要有叶斑病、冠腐病和根结线虫病等。在我国较常见有花叶型病毒病，感病植株嫩叶皱缩，感病前已长成定型的叶片不表现症状。防治方法是剪去感病枝叶、杀灭蚜虫，加强肥水管理后病症状消失。但幼苗期如感病则全枝矮缩，要整株拔除、烧毁。虫害主要有蚜虫和豆荚螟，要及时用药剂防治，用2.5%溴氰菊酯乳剂3000倍液等喷洒防治蚜虫，用杀螟杆菌500倍液防治豆荚螟，喷洒3～4次，隔7～10天喷1次。注意农药的安全间隔期。

6. 采收和留种

四棱豆的茎叶、嫩荚、块根、种子均可食用。

（1）采收嫩叶　幼叶比老叶蛋白质含量高，营养丰富，纤维少，可消化性较好。枝叶生长过旺时，可采摘枝条最顶端约20厘米的第3节上最嫩茎叶做蔬菜。尤其生长中期以后，枝尖嫩绿、光滑，幼叶未展，其上着生一串花蕾，这时采摘用以做汤、凉拌或配菜甚佳。

（2）采收嫩荚　嫩豆荚要及时采收，一般在开花后15～20天，豆荚色绿柔软时为最佳采收期，采收宜嫩不宜老，如采收过迟，纤维增加，品质变劣，不能食用。露地栽培管理较粗放的嫩荚每亩产量800～1000千克，高产的每亩产量可达2000～2500千克。因为四棱豆的鲜嫩豆荚表面积比较大，接近荚的表面又有一种泡状结构，使鲜嫩豆荚不耐贮藏，因此，采收的嫩荚应于24小时内出售。

（3）采收块根和藤蔓　短日照和较低的土壤温度有利于块根生长，植株落叶前后收获块根。冬季温暖，土壤不结冻的地区，一般当年不收块根，留老藤越冬，第 2 年生长旺盛，开花结荚多，块根更大。每亩块根产量最高可达 750 千克。四棱豆在北方多为一年生，块根产量低。若要安全越冬，必须在霜降前将块根挖出，栽于冬暖大棚中，翌春再栽于大田。藤蔓干枯收割后晒干，与豆秸、荚壳一起粉碎，可作饲料。

（4）留种　种子一般在花后 45 天成熟，豆荚变褐色，基本干枯时可采收作种。种荚以结荚中期的荚果最好，荚大粒大，百粒重大，荚形好。荚果成熟时易开裂，要及时采收。采收的种子经过一系列挑选后，留待下年播种。平均每亩产干豆粒约 150 千克。

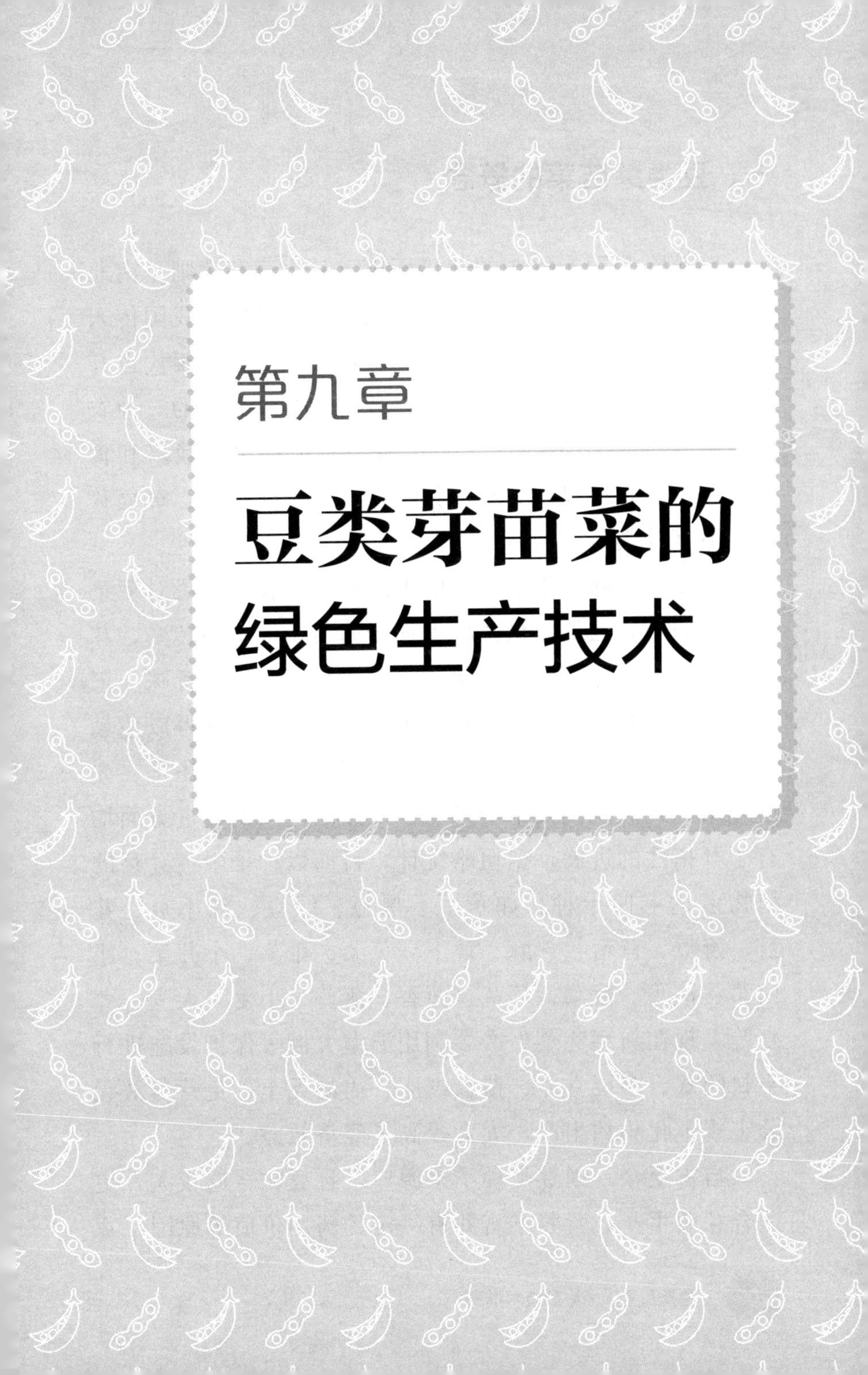

第九章

豆类芽苗菜的绿色生产技术

一、豆类芽苗菜的概念

芽菜在我国有悠久的栽培历史，其中豆芽菜则是南北各地人民传统的重要蔬菜。豆芽生产技术早年由我国传入新加坡、泰国等东南亚国家，美国在20世纪40年代也开始进行生产。有关豆芽的最早记载见于秦汉时期的《神农本草经》，近代也有许多文献记载了有关芽菜的栽培和食用方法，但长期以来芽菜所指不过也只是绿豆芽、黄豆芽和萝卜芽及其传统的栽培方法。

近年来，随着生活水平的不断提高，我国人民对蔬菜产品的需求，已从数量消费型逐步向质量消费型转变，芽菜作为富含营养的优质、保健、高档蔬菜而受到青睐。正是在这样的社会背景下，芽菜生产悄然兴起，并得以蓬勃发展。目前，无论是在种类和品种多样化方面，还是在先进栽培方式和现代技术的采用以及产品品质的改进方面均有了开拓性的进展。据粗略统计，目前以种子生产芽菜的植物多达三四十种，如黄豆、黑豆、绿豆、红小豆、花豆、豌豆、苜蓿、芝麻、萝卜、苋菜、蕹菜、小芥菜、小白菜、油菜、菠菜、莴苣、茴香、落葵、小麦、大麦、荞麦等。现在新型芽菜生产多利用温室大棚等保护设施进行半封闭式、多层立体、苗盘纸床、简易无土、免营养液无公害规范化集约生产，大大提高了经济效益。

自古至今，因豆类种子来源广，且豆粒普遍较大，更适合芽菜生产，营养丰富并有一定的药用价值等原因，豆芽菜始终是芽菜大家庭的重要成员。但在今天，与我国传统的用激素生产的无根豆芽截然不同，新型的豆类芽苗菜通过采用先进的栽培方式和技术，经过见光处理，更安全、富有营养、更符合无公害的要求。

二、豆类芽苗菜的特点

（一）豆芽苗菜是营养丰富的优质、保健、高档蔬菜

豆芽苗菜以植物的幼嫩器官供食，品质柔嫩、口感极佳、风味独特，易于消化，并具有丰富的营养价值和某些特殊的医疗保健效果，如黄豆、黑豆、豌豆苗等的药用价值都有史书记载。芽苗菜由于种子在萌发过程中消耗和分解了原有的贮藏养分，从而使干物质下降，其营养成分，除了蛋白质、脂肪降低以外，氨基酸和维生素含量却要比原籽粒丰富得多。

（二）豆芽苗菜是速生、清洁的无公害蔬菜

首先其产品形成所需营养，主要依靠种子所贮藏的养分，一般不必施肥，在适宜的温度环境下，保证其水分供应，便可培育出芽苗幼梢或幼茎，而且其中的大多数生长迅速、产品形成周期很短，有的只需 7～15 天。生产过程中不使用化肥、激素、农药，栽培过程中要求杀毒灭菌处理，很少感染病虫害，因此芽类蔬菜较易达到绿色蔬菜的标准。

其次豆类芽苗菜生产环境可控制。如大豆、豌豆、黑

豆等多数种类对环境温度的适应性较广，因此适合于我国北方地区，可在房舍、日光温室、简易保护设施等环境下生长，可以有效地控制周围环境，保证大气、土壤、水体等生态因子洁净。

（三）豆类芽苗菜适于多种方式栽培

由于豆类多数对环境温度适应性较广，一般不需要很高的温度，白天 20～24℃、夜晚 12～14℃，即可满足生长要求。因此可利用温室大棚、窑窖、空闲民房，以及各种简易保护设施进行土壤栽培、沙培、无土栽培等。

（四）豆类芽苗菜是生物效率、生产效率和经济效益较高的蔬菜

以豌豆为例，用它们的种子直接进行籽芽生产，每千克豌豆种子约可形成 3.5～4 千克芽苗产品，生物效率达到 5 左右，生长期 10～15 天，每平方米面积约可收获 11 千克产品，按每千克 5.5～7 元价格折算，产值一般可达 60～80 元。

豆芽苗菜虽然作为富含营养的优质、保健、无公害的高档蔬菜而越来越受到消费者的青睐，但由于它属于新兴蔬菜，有些种类及其产品还未被广大人民所熟悉，加之一般价格较昂贵，故消费量较小，有些种类主要供给饭店宾馆使用。另外产品柔嫩、容易失水萎蔫的特点也限制了长途运输。因此，在发展豆芽苗菜生产时首先要立足本地区考虑销路，打通销售渠道，切忌贸然进行大批量生产，以免受到不应有的损失；同时应着力于“引导消费”，通过

各种渠道向社会和消费者作广泛的介绍和宣传。

三、豆类芽苗菜绿色生产技术

抛开传统的豆芽菜生产，以目前生产中应用普遍、效益较高、具有推广价值的几种新型栽培方式为例，逐一详细介绍。

（一）棚室芽苗菜立体绿色生产技术

在棚室内采用多层棚架，育苗盘立体栽培，充分利用棚室空间，周年生产，随时播种上市，生产周期短、投入少、技术简单、便于管理，是一种集约化工厂化生产技术。其产品品质柔嫩、营养丰富、清洁无污染、经济效益高。该技术在豌豆苗生产中应用最多。

1. 大棚设置及消毒措施

（1）合理设置大棚　大棚可采用温室或塑料大棚，棚膜应采用多功能无滴膜，要求棚室坐北朝南，东西延长，四周采光且便于通风散湿，浇水方便。

（2）消毒措施　①药剂消毒。药剂消毒常采用烟剂熏蒸，以降低棚内湿度。方法是每亩用22%敌敌畏烟剂500克加45%百菌清烟剂安全型250克暗火点燃后，熏蒸消毒或直接用硫黄粉闭棚熏蒸，也可在栽培前于棚室内撒生石灰消毒。注意消毒期间不宜进行芽苗菜生产。②根据大棚面积大小，适当架设几盏消毒灯管。栽培前，开灯照射

30分钟，进行杀菌消毒或采用紫色膜、银灰膜等多功能膜作棚膜，也可起到抑菌、避虫效果。

2. 生产工具及消毒措施

（1）栽培架　栽培架宜采用角钢或红松方木铝合金等材料制作。要求整体结构合理、牢固、不变形。第一层离地面不少于10厘米，整架和每一层都要保持水平。架高2米左右、宽60厘米，每架5～6层，每层间距30～40厘米，架长2.7米。可排放10个育苗盘。

（2）容器与基质　栽培容器一般选用轻质塑料育苗盘，规格为长60厘米、宽25厘米、高5厘米左右，要求底面平整，形状规范且坚固耐用，通透性好。基质可选用吸水保水力强、无污染、无残留的物品，如白纸（或旧报纸）、白棉布、河沙、珍珠岩等。栽培基质在栽培播种前，应高温煮沸或强光暴晒以杀菌消毒。浸种用的容器宜采用塑料桶，不能采用铁桶或木桶。栽培前，苗盘、塑料桶用热洗衣粉水溶液浸泡15分钟，彻底洗净后，再放入5%福尔马林溶液或3%石灰水溶液或0.1%漂白粉水溶液中浸泡15分钟，取出清洗干净后，即可栽培使用。

（3）喷水设施　为确保芽苗生长中对水分的需求，基质必须保持湿润，故需加强喷雾。大面积栽培应装置微喷设施，面积较小时应具备喷雾器和喷壶。

3. 种子处理

生产芽苗菜的种子要求纯度高、发芽率达到95%以上，人工精选出籽粒均匀、饱满、中等大小、色鲜色亮、无破损的新种子，剔去虫蛀、破残、畸形、霉烂、瘪粒等不易发芽的种子。采用50～55℃温水浸种15分钟，以杀灭种子内外所带病毒或病菌。然后用20～30℃的清水淘洗2～3遍，洗净后倒入容器以种子体积2～3倍的水浸种。浸种时间视具体品种而定，一般豌豆4～5小时、绿豆10小时、大豆2小时、赤豆30小时，短则延迟出芽，长则种皮脱落、豆瓣分离。期间应注意换洁净清水1～2次，并同时淘洗种子。当种子基本泡胀时，即可结束浸种，再次淘洗种子2～3遍，轻轻揉搓、冲洗、漂去附着在种皮上的黏液，注意不要损坏种皮，然后捞出种子，沥去多余水分。

4. 播种

洗净育苗盘，苗盘内平铺一层裁剪好的纸张或其他基质，预先使基质吸足水分，将处理好的种子均匀地撒在苗盘内，主要是控制播种量。种子均匀平铺在苗盘上，盘与盘之间播种量一致。播种不宜过密，坚决杜绝种子在苗盘内发生堆积现象。播种太密，容易发生烂芽、烂根等病害现象，并使芽苗生长细弱、品质差。

5. 栽培管理

（1）催芽　将播种后的苗盘叠摞在一起，每6～10盘为一摞，放在栽培架或平整的地面上，进行叠盘催芽。育苗盘码放一定要平整。每摞上下各有一个保湿盘或覆塑料膜等以保温、保湿。为了通风，每垛之间留3～5厘米的空隙。叠盘催芽期间室温保持20～25℃，每天进行一次倒盘和浇水，调换苗盘位置，同时均匀地喷水，以喷湿后苗盘内不存水为度。在倒盘同时，注意选芽。用消过毒的镊子挑选出败芽、烂芽、伤芽、死粒及发芽的种子。选芽时，要严格精选，时间安排在绝大部分种子露芽时进行，绝不能让败芽及不能发芽的种子进入栽培室。经2～4天芽苗1～3厘米高时，便可“出盘”。“出盘”时，将叠摞的苗盘，一层层单放在栽培架上，进行培育管理。

（2）光照管理　芽苗菜生长，在叠盘催芽期间，不需要任何光照，栽培生长期间，要求弱光照射。光照过强，产品纤维含量高，口感不佳。因此阳光照射强时，大棚上应铺设遮阳网遮光，遮光率在60％～80％为好。叠盘催芽，为使芽苗从黑暗、高温的催芽环境顺利过渡到栽培环境，应在弱光区锻炼1天。为使芽苗受光一致、生长整齐，生产中每天倒盘一次，上下、前后倒。

（3）温、湿度管理

① 温度管理：一般来说，豆类芽苗菜栽培生长的适宜温度为20～25℃。整个栽培生长过程中，都应保持适宜温度，避免出现温差大变化。温度主要通过日光热、电热或炉火加温以及塑料薄膜、草席等防寒覆盖物的揭盖和通风口、通风窗的开闭进行调节。在夏季要尽力通过遮光、室中喷雾、采用强制通风和水帘等措施来降低棚室内气温。在栽培室内温度能得到保证的前提下，每天应至少进行通风换气1～2次，以保持室内空气清新，交替降低室内空气相对湿度，避免种芽霉烂和室内空气中二氧化碳的严重缺失。

② 湿度管理：相对湿度控制在80％～85％，为此应经常浇湿地面。

（4）水的管理　浇水管理对芽菜的产量和质量影响很大，应根据季节的不同，每天喷淋3～4次。坚持“小水勤浇、浇匀、浇足、浇透”的原则。生长前期少浇水，中、后期加大浇水量。在遇到阴雨、雾雪天气或室内气温较低时应酌情少浇；反之，在室内温度较高空气相对湿度较小时可适当加大浇水量，但也不可过量，以致引起种芽霉烂等病害。浇水要均匀，以苗盘内基质湿润、浇后苗盘不大量滴水为度。对小粒种子，喷雾式浇；对大粒种子，喷淋式浇。浇水量以保持苗盘内基质湿润，不滴水为度。

6. 采收

芽苗菜质地柔嫩，含水分高，收割后的产品极易萎蔫脱水，因此采收切割后应及时进行包装，以提高产品鲜活程度，延长保鲜期。一般可采用整盘活体销售的方法，并注意运输过程中的保湿和遮阴。离体销售，切割动作要轻。炎热的夏季要先进行预冷，再包装上市。

（二）豆类芽苗菜家庭绿色生产技术

我国是生产、食用芽菜最早的国家之一。黄豆芽、绿豆芽家喻户晓，妇孺皆知。由于科学技术的发展，芽菜品种不断丰富，芽苗菜开始出现在人们的餐桌上。芽苗菜营养丰富，无污染、无公害、鲜嫩可口，具有多种保健作用和较高的药用价值，深受广大消费者的青睐。目前，芽苗菜大面积商品化生产程度还比较低，其消费多是在酒店、宾馆、火锅城等。利用家庭空闲地方进行生产，可满足家庭自食，也可小批量在市场上销售。下面介绍家庭豆芽苗菜生产技术。

1. 栽培场地

芽菜生产对温度、湿度条件要求相对严格，而对光照要求不太严格。不管是住平房的家庭，还是住楼房的家庭，只要有封闭的阳台或空闲的房舍（如地下室），加以适当的改造，均能进行豆芽苗菜栽培。

2. 设备和装置

生产芽菜的用具有栽培容器、栽培基质、喷壶、温度计、水盆、塑料薄膜等。栽培容器可选用塑料苗盘，长60厘米、宽24厘米、高5厘米，角钢制成的栽培架（架的长宽与育苗盘配套，层间距离保持40～50厘米），也可用塑料筐或花盆，还可用一次性泡膜饭盒或者大的可口可乐瓶，剪去上部，保留底部10厘米高，也能作为栽培容器。不论什么容器，都要使底部有漏水的孔眼，以免盘内积水泡烂种芽。栽培基质可用干净、无毒的包装纸或白棉布、泡沫塑料片、珍珠岩等，喷壶要求浇水时能达到雾喷或细喷为好，水盆（或缸、桶）主要用于浸种等。

3. 种子选用及播种前处理

种芽菜生产对种子质量要求较高。要选择新鲜、品质优良、能食用的种子。一是种子纯净度必须达到98%以上；二是种子饱满度要好，必须是充分成熟的新种子；三是种子的发芽率要达到95%以上；四是种子的发芽势要强，在适宜温度下2～4天内发齐芽，并具有旺盛的生长势。播种前，剔去虫蛀、破残、畸形、腐霉、已发过芽的以及特小、特瘪及成熟度不够的种子，先用20～30℃的洁净清水淘洗2～3遍，然后进行浸种。播前进行浸种催芽可缩短生芽期和生长周期。尤其在冷凉季节生产，浸种很必要。浸种可用30℃左右的水，也可用55℃左右的水。一般掌握在温暖季节用较低水温浸种，在冷凉季节用温水浸种。浸种的水量必须超过种子体积的2～3倍，浸种最适宜的时间因芽苗菜种类不同而异。浸种过程中要不断地翻动种子，浸种结束后，用清水冲洗2～3遍，沥去多余的水分。

4. 播种

播种前，对苗盘等栽培容器、基质等进行消毒，苗盘用清水加0.1%的漂白粉或3%石灰水浸泡1小时以上，再用清水充分洗刷干净，栽培基质等可用开水煮烫或在日光下暴晒2～4小时。然后在苗盘底部平铺1层已裁剪好的基质纸或一定厚度的泡沫塑料片，如需采用珍珠岩做基质，则可在纸张上再铺厚约1～1.5厘米已调湿的珍珠岩，刮平、轻轻压实，将经过浸种的种子均匀地撒播到栽培基质上。一定要撒播均匀，使种子形成均匀的一层，不要有堆积现象。播种量根据种子大小、千粒重和发芽率确定，一般豌豆苗每盘用种350～500克。播种完毕后，用喷壶淋一遍水，将苗盘摆放到栽培室内的栽培架上，并盖一层塑料薄膜进行保湿。

5. 栽培管理

（1）水分管理　整个生长期都要保持芽体湿润。由于用的基质一般是纸张等，这类基质的吸水和持水能力有限，因此必须要进行频繁的补水。种子出芽前由于薄膜覆盖保湿可不必浇水；出芽至直立生长前每天喷淋2～3次，并及时将已腐烂的种子剔出。期间撤掉薄膜。芽体直立生长后至收获，要增加浇水量，每日3～4次淋水。喷淋要均匀，水量以掌握苗盘内基质湿润、喷淋后苗盘不大量滴水为宜，但不能使栽培盘底部有积水。同时还要浇湿栽培室地面，经常保持室内空气相对湿度在85%左右。总的原则是生长前少浇、生长中后期适当加大浇水量。

（2）温度管理　豆芽苗菜适宜通用温度范围为18～25℃。若温度过高，则芽苗菜生长速度快，产品形成周期缩短，芽苗细弱，产量降低。反之，若温度过低，则芽苗生长缓慢，产品形成周期长，芽苗多纤维，产品易老化。温度的控制主要通过日光热、电热、暖气或炉火和通风来进行调节。为此，夏季要加强通风，喷水降温，加上遮阴；冬季要加强室内保温，必要时把栽培盘置暖器附近，一年四季进行生产。

（3）光照管理　豆类芽苗菜生产对光照要求不高，适应性较广。以较弱光照有利于产品鲜嫩，所以，在生长前期注意遮光，使胚轴充分伸长，当芽苗达一定高度、接近采收期时，在采前2～3天适当增加光照，使芽体绿化。以阳台为生产场地的，在进入夏秋季节时，为避免光照过强，需要在栽培架上或阳台窗户上挂上布帘或别的东西进行遮阴；以地下室为生产场地的，一般光线较暗或微弱，生产的芽苗颜色浅绿或鹅黄、柔软、细弱，纤维少，但产量和维生素C含量低，可以通过在室内挂照明灯来解决这一问题，灯光照射时间一般从芽苗长 2 厘米左右开始，每天 3 小时左右为宜。

6. 采收

芽苗菜成熟后就要采收，随采收随食用或上市销售。一般豆芽 8～15 天苗高 12～18 厘米可达采收标准。采收时可将芽苗连同基质（纸）一起拔起，再用剪刀把根部和基质剪去。作为商品出售时，可将产品装入小塑料袋或泡膜盘中，进行小包装上市销售，每袋或盘装 250～300 克即可。作为自食时，可待芽苗基本长成时开始陆续采食。

四、芽苗菜绿色防控技术

采用生态控制、物理和生物防治及化学调控等环境友好型技术措施防治芽豆病虫草害，如轮作换茬、土壤翻耕、杀虫灯、黏虫板诱杀。种子采用 2.5%咯菌腈种衣剂 200～400 毫升拌种 100 千克，防治大豆苗期病害。后期重点防治大豆食心虫，虫卵期选用赤眼蜂 2 次释放防治，每公顷每次 15.0 万～22.5 万头；成虫期采取性诱剂诱杀，每公顷用 25%快杀灵乳油或其他菊酯类药剂 375～450 毫升兑水喷雾。

参 考 文 献

[1] 齐艳春．芸豆高产栽培技术．中国农村小康科技，2009(1)：42-43.

[2] 孔庆全，徐利敏，张庆平，等．豆类蔬菜无公害栽培技术．内蒙古农业科技，2003(4)：42-43.

[3] 唐友全．大棚豆类蔬菜标准化高产栽培技术．农民致富之友，2015(12)：152.

[4] 毛虎根，庞雄，孙玉英，等．早春豆类蔬菜高效栽培技术．上海蔬菜，2005(5)：47.

[5] 唐维超，刘晓波，包忠宪，等．几种优质豆类蔬菜的高产栽培技术.南方农业，2014(25)：29-32.

[6] 宋晓科，鲁艳华．豇豆栽培技术．中国果菜，2012(5)：24-25.

[7] 邓金桃．反季节荷兰豆栽培技术．中国农业信息，2016(5)：60-61.

[8] 邵秀芳，方殿立，程志明．无公害荷兰豆栽培技术．现代农业科技，2008(19)：55.

[9] 杨维田，刘立功．豆类蔬菜高效栽培技术．北京：金盾出版社，2011.

[10] 王迪轩．豆类蔬菜优质高效栽培技术问答．北京：化学工业出版社，2014.

[11] 刘海河，张彦萍．豆类蔬菜安全优质高效栽培技术．北京：化学工业出版社，2012.

[12] 袁祖华，李勇奇．无公害豆类蔬菜标准化生产．北京：中国农业出版社，2006.

[13] 陈新．豆类蔬菜设施栽培．北京：中国农业出版社，2013.

[14] 姚方杰．豆类蔬菜栽培技术．长春：吉林科学技术出版社，2007.